1分間 数学I・A 180

One Minute Tips to Master Mathematics I&A 180

石井貴士
Takashi Ishii

水王舎

装丁：重原隆

1分間
数学Ⅰ・A
180

One Minute Tips to Master Mathematics I & A 180

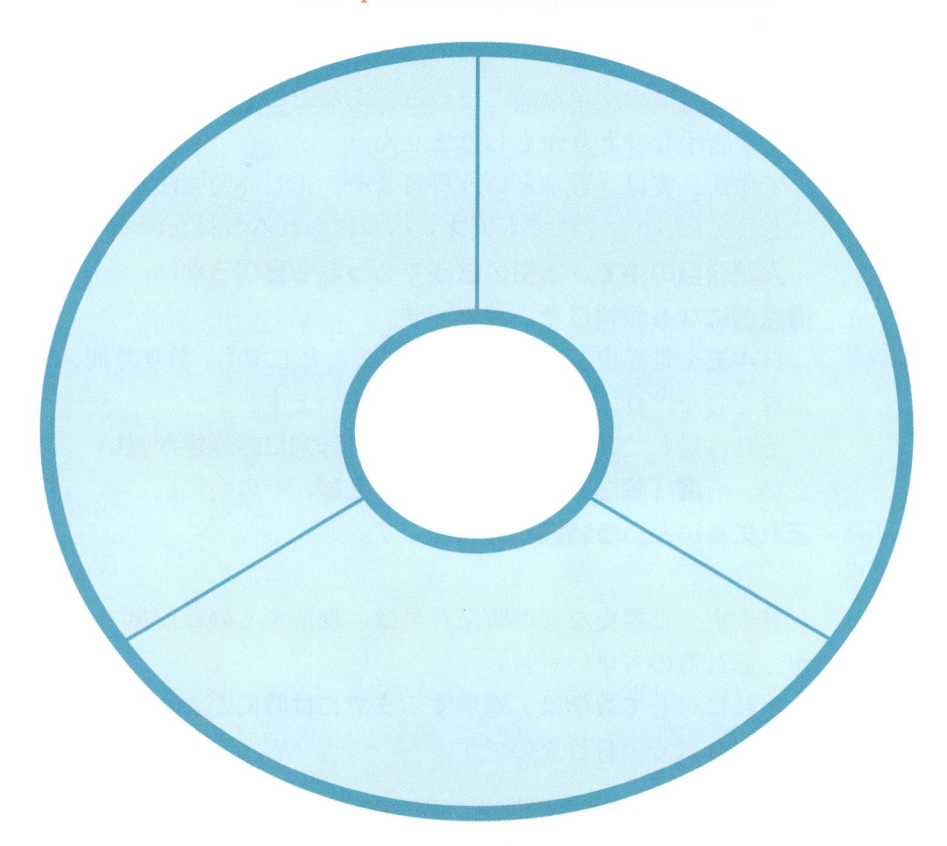

はじめに

最速で数学の成績を上げる「1分間数学勉強法」とは？

「数学があるから、理系ではなく文系を選びました」
「ずっと数学が苦手なんです。どうしたら良いか、わかりません」

　数学に対して苦手意識を持っている方は、大多数にのぼります。
　いや、今この文章を読んでいる、あなたこそ、数学が苦手なひとりかもしれません。
　ですが、実は、数学という科目こそ、正しい勉強法を知ってしまえば、今すぐにでも天才レベルになれる教科なのです。
　入試科目の中で、本番の試験でもっとも裏切らない、得点源になる教科こそ、数学です。
　日本史や世界史であれば、一度覚えたとしても、数ヵ月間、復習をしなければ、すぐに忘れてしまいます。
　それに対して、数学という科目は、**非常に論理性が強いため、一度「解法」を理解してしまえば、その後に、忘れにくいという特性があるのです。**

　日本史、世界史などの暗記科目は、理解するのは簡単ですが、忘れるのも早い科目。
　それに対して数学は、理解するまでには時間がかかりますが、忘れにくい科目なのです。

この、「最初に理解するのに時間がかかる」という特徴があるからこそ、数学は苦手科目になりやすいと言えます。
　では、理解そのものに時間がかからなくなり、さらには、1秒で復習できてしまう、そんな参考書があったら、どうでしょう？　それならば、あなたも数学が得意科目になるとは思いませんか？
　実際、私自身、数学の勉強の必勝法を編み出した結果、本格的に数学の勉強をはじめてから、たったの3ヵ月で、数学の偏差値が30から70に上がりました。
　もともと数学が苦手だった私にもできたのです。
　だから、きっとあなたにもできます。安心してください。

　では、数学の勉強の必勝法、名づけて「1分間数学勉強法」の3ステップをご紹介しましょう。
　それは、

┌─「1分間勉強法」の3ステップ─────────┐
│ 1. ひと通り、数学のすべての単元について、基礎的な問題を12問前後、問題を見た瞬間ゼロ秒で何をしたら良いかがわかるようにする
│ 2. 1単元につき、標準問題180問を目安に、問題を見た瞬間、ゼロ秒で何をしたら良いかがわかるようにする（その際、1問1秒で復習できる、4色に色分けされたノートを作成しておく）
│ 3. 応用問題・過去問に当たる（その際、1問1秒で復習できる、4色に色分けされたノートを作成しておく）
└──────────────────────────┘

となります。

英語の場合は、
→　英単語を覚える
→　英文法を覚える
→　長文読解問題に当たる
という3ステップで、最速で成績が上がります。
(逆に言えば、英語の成績が悪い人ほど、まず長文問題をやって、そのあとに英文法に取り掛かって、最後に英単語を
覚えようとしています)

　古文の場合は、
→　古文単語を覚える
→　古典文法をマスターする
→　古文の文章題に当たる
という3ステップが最速です。
(『1分間古文単語240』〈水王舎〉参照)

　数学の場合は、
→　すべての単元について、基礎的な問題を
　　12問くらいできるようにする
→　1単元につき、標準問題を180問前後できるようにする
→　応用問題・過去問に当たる
というのが最速で成績が上がるのです。

　では、「1分間数学勉強法」の3ステップについて、
ご説明しましょう。

〔ステップ１〕
ひと通り、数字のすべての単元について、
基礎的な問題を 12 問前後、問題を見た瞬間、
ゼロ秒で何をしたら良いかがわかるようにする

　まず、1 ですが、数学の各単元の「核」となる部分をマスターすることから始めます。
　各単元につき、基礎的な問題を 12 問前後でいいので、見た瞬間、ゼロ秒で「解法」がわかる状態を作っておくことが大切です。
　その代わり、すべての単元（少なくとも数ⅡBまで）を、一気に網羅します。

　数学ができなくなってしまう原因のひとつに、わからない単元があると、そこで止まってしまい、次の単元に進まなくなってしまう、ということがあります。
　例えば、たまたま、「数と式」という単元が、教科書の編集の都合上、前のほうにあり、そこで挫折してしまう人がいるとします。
　ですが、次の単元は、もしかしたら、その人にとって理解できるものかもしれないのです。
　なので、とにかく、基礎問題だけで良いので、
最後まで通して勉強するというのは非常に重要です。

　数学が苦手な人に限って、「習っていない範囲だったので、問題が解けませんでした」と言うのです。
　ですが、それは単なる言い訳です。
　習っていない範囲だとしても、最低限の知識だけあれば、何とかなる場合もあるのです。

目指す状態としては、

高校1年の1学期の間に、高校3年までの全試験範囲に関して、各単元につき、12問分だけは、理解している状態。

これが理想です。
これだけで、一気に数学が得意科目になるはずです。
数学に関しては、まず、何はなくとも、

全範囲の基礎問題12問分だけは、できるようにしておくこと。

これが重要なのです。

　本書『1分間数学Ⅰ・A 180』も、それを考えて、各単元12問前後で、一気に基礎部分だけできるように配慮して作成されています。

　まず、一気に最後まで、終わらせてみてください。
　おそらく、数学への苦手意識は無くなっていることでしょう。

〔ステップ２〕
１単元につき、標準問題 180 問を目安に、
問題を見た瞬間、ゼロ秒で何をしたら良いかが
わかるようにする

　これは、だいたいの目安として、**１単元につき、180 問の標準問題について、**
問題を見た瞬間に、ゼロ秒で解法がわかるようにしておく
ということです。
　そして、同時に、１問につき１枚、４色に分けられた
シート（カラーマジックシート）を作成して、
ノートにしてください。

　作り方としては、カラーマジックシートをプリントアウト
（http://www.1study.jp で、無料で入手できます）して、
その左上の部分に問題をコピーして貼り、右下の部分には、
問題の答えをコピーして貼ります。

　そして、「初動」を左下（初動に関しては 24 ページ参照）に、
「解法のポイント」を右上に、あなたが手書きで書きこみます。

　こういった自作ノートを作成しておけば、「１問１秒で
見返せるノート」になるのです。（大きさはＡ４版の横が理想）

　この『１分間数学Ⅰ・Ａ 180』でも、
そのようにわかりやすくレイアウトしてあります。

　あなたが数学の勉強をする理由。
　それは、

「1問1秒で復習するノートを作成するため」

　ただ、それだけだと思ってください。
　試験の前に、いかに多くの問題を、
1問1秒で復習できるか？
　それによって、数学の成績が変わるのです。

　そして、

・見た瞬間に、ゼロ秒で完璧に理解している問題
　　→赤のファイル
・見た瞬間に、思い出すのに3秒くらいかかるが、
　思い出せる問題
　　→緑のファイル
・一度理解はしたが、なかなか思い出せない問題
　　→黄のファイル
・結局、よくわからなかった問題
　　→青のファイル

にまとめ、普段の勉強の優先順位を、

1. 緑のファイルの問題を、赤のファイルに昇格させる作業
2. 黄のファイルの問題を、緑のファイルに昇格させる作業
3. 青のファイルの問題を、黄のファイルに昇格させる作業

として、勉強を行うのです。

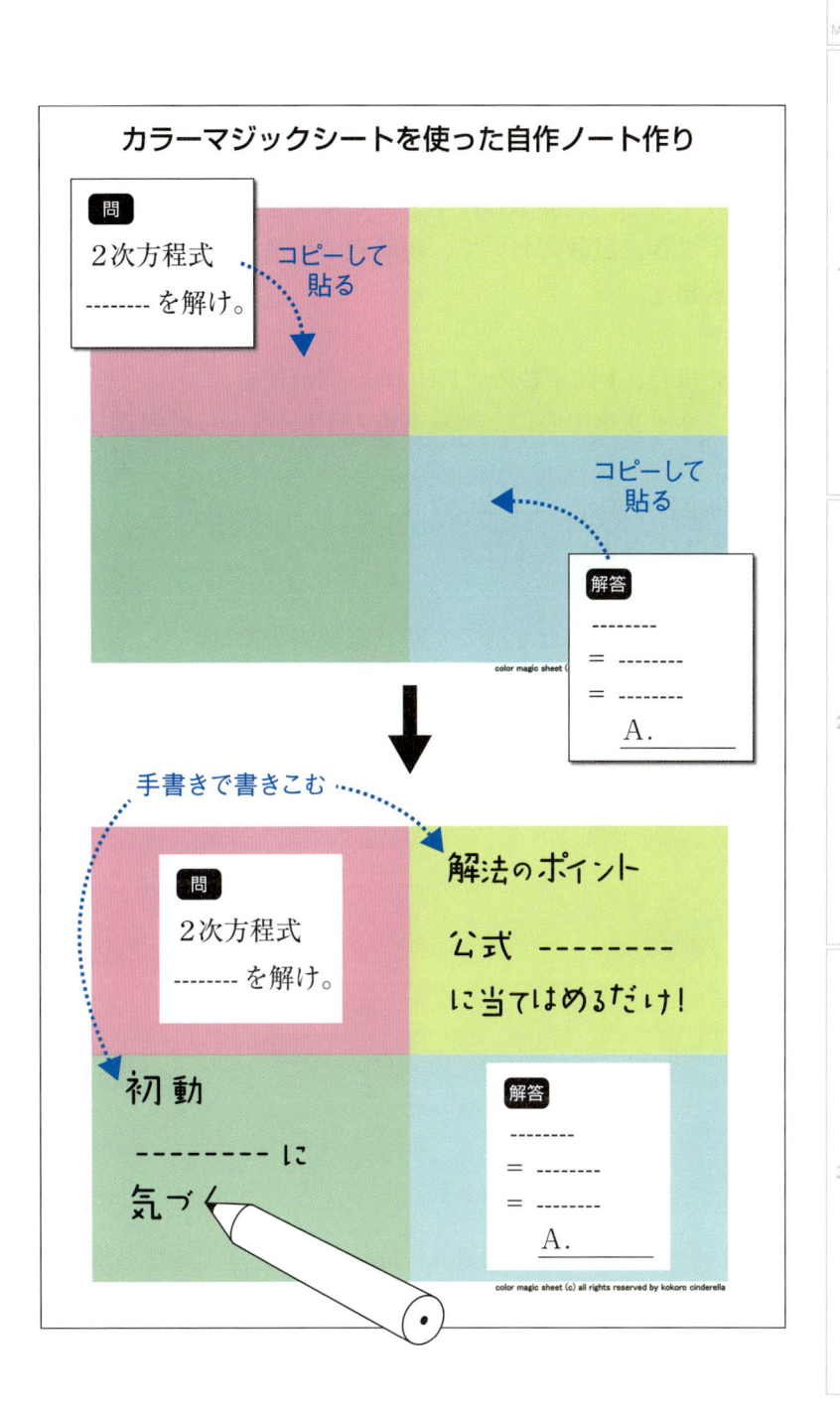

カラーマジックシートを使った自作ノート作り

問
2次方程式
-------- を解け。

コピーして貼る

コピーして貼る

解答

= --------
= --------
A. _____

color magic sheet

手書きで書きこむ

問
2次方程式
-------- を解け。

解法のポイント

公式 --------
に当てはめるだけ！

初動
-------- に
気づく

解答

= --------
= --------
A. _____

color magic sheet (c) all rights reserved by kokoro cinderella

---

Min
式の計算①
式の計算②
1 実数の計算
1次不等式
2次方程式
関数とグラフ①
関数とグラフ②
2 2次不等式
三角比・図形①
三角比・図形②
集合・論理
場合の数①
3 場合の数②
確率
三角形と円の性質

9

そして、試験の1週間前くらいから前日まで、赤のファイルを中心に、1問1秒で見返す作業を行うのです。
　そうすると、試験本番に学力のピークを持っていくことができ、試験において、現時点での最高得点を取ることができます。

　私の場合、1問1秒で、1日1800問前後を、赤のファイルを中心に、試験本番の10日前から読み返していました。
　1問1秒なので、1日約30分、10日で18000問を復習することができる計算です。

　そうなると、当たり前ですが、試験本番では、ほぼ間違いなく、前日に復習した問題と、同じような問題が出ます。
　なので、試験本番でも、当然のように、見た瞬間ゼロ秒で、スラスラと問題を解けたのです。

〔ステップ3〕
応用問題・過去問に当たる

　各単元で、180問前後、見た瞬間ゼロ秒でわかるようにしておけば、応用問題をかなり解きやすくなっています。
　なので、すべての単元について、180問前後をわかるようにした後に、応用問題に取り掛かるのが、最速の勉強です。
　その際にも、1問1秒で見返すことができるノートを作成しておくことが大切です。
　最終的に、

「1問1秒で復習するノートを、どれだけ多く作成できたか？」

これだけが、数学の成績を決めると考えて良いと思います。
　1秒で復習できる問題が、1000問ある人よりも、3000問ある人のほうが、本番の試験では強くなります。

　目安として、
数Ⅰ・A＝2000問、数Ⅱ・B＝2000問、（数Ⅲ・C＝2000問）の問題を、ゼロ秒で解けるようにして、
あとは過去問を解くという状態を目指してください。
　さらに、万全を期すのであれば、数Ⅰ・A＝6000問、数Ⅱ・B＝6000問、（数Ⅲ・C＝6000問）が最終形態です。
　これ以上だと、数学の勉強をやりすぎという状態になってしまうので、他の教科に勉強時間を当てたほうが良いでしょう。

もし、試験本番で、見た瞬間ゼロ秒で意味がわかる問題が、18000問あったら、ほぼ無敵状態になるとは思いませんか？

　私の持論で、日本史であれば、一問一答形式で、12000問。
　世界史も、12000問をゼロ秒で答えられるようになれば、知識レベルでは、合格点をクリアすることができると考えています。

　それと同様に、
「数学に関しても、数Ⅰ・A＝6000問、数Ⅱ・B＝6000問の合計12000問に関して、解法をゼロ秒で取り出せるようになっておけば、合格点は確実にクリアできるはずだ」
というのが私の持論です。

　中間目標としては、2000問。
　パーフェクトレベルを目指すのであれば、6000問を目指して、1問1秒で見返すことができるノートを作成していただければと思っています。

問題数と成績との関係

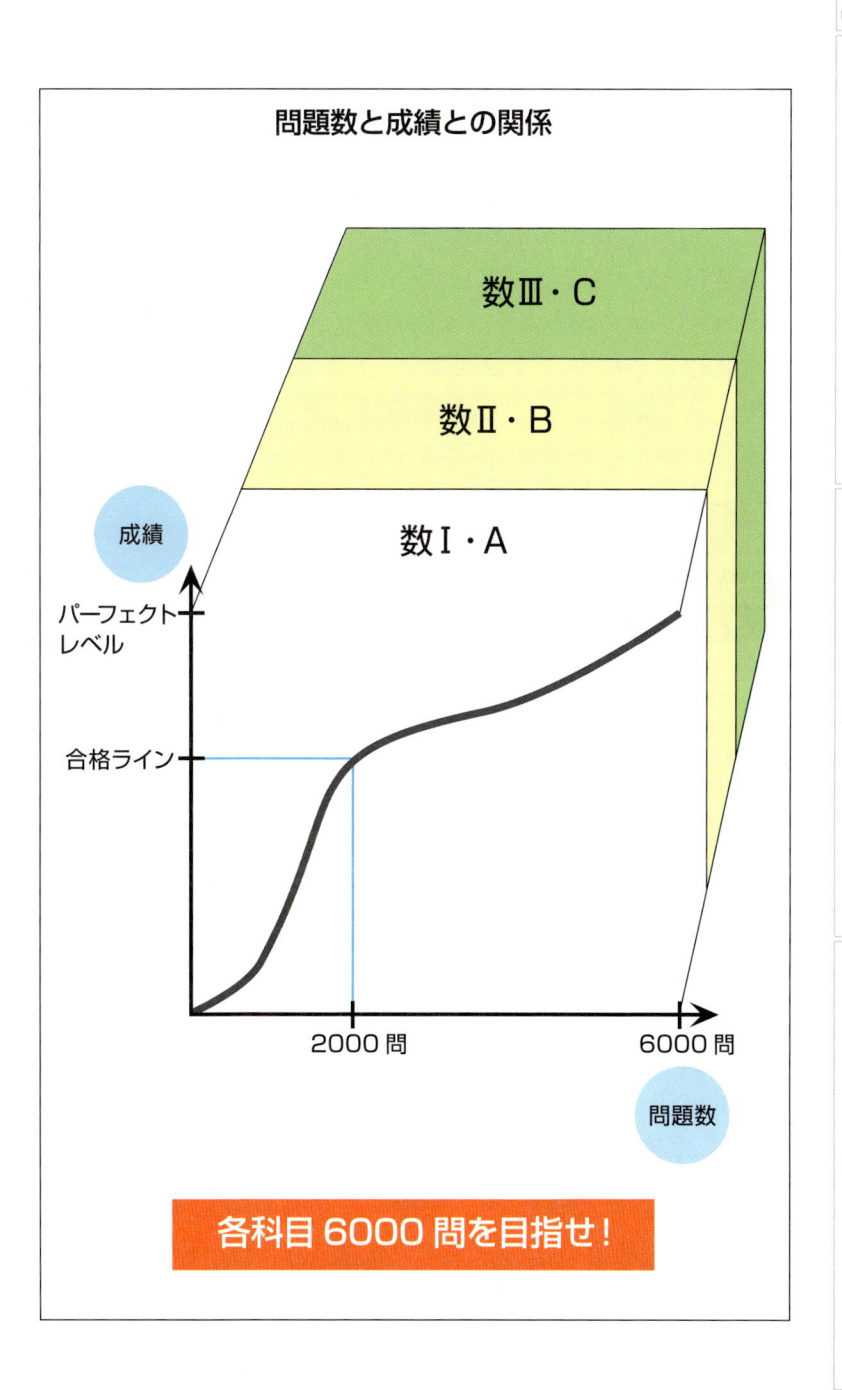

数Ⅲ・C
数Ⅱ・B
数Ⅰ・A

成績

パーフェクトレベル
合格ライン

2000 問
6000 問

問題数

各科目 6000 問を目指せ！

4色を効果的に使った「右脳記憶法」

　さきほど、〔ステップ2〕で、4色に分けられたカラーマジックシートや、4色のファイルについて申し上げましたが、『1分間数学Ⅰ・A 180』が最強の理由として、以下で紹介する**「右脳記憶法」**があります。
　本書では、右脳記憶法について、2つの特長を活用しました。

特長1　4色を効果的に使い、無意識に右脳を活用

　そもそも、人間の脳は「左脳」と「右脳」とに分かれています。わかりやすく言えば、

・**「左脳は論理的で、容量は少ない」**
・**「右脳は映像的で、容量が大きい」**

ということです。

　頭を良くしようと思ったら、「左脳」と「右脳」の両方を効率的に使わなければならないのですが、現代人の大半は「左脳」だけで、「右脳」をほとんど使っていません。
　そこで、**右脳は映像的＝「色」に反応**、という特長を活用します。

本書の使い方

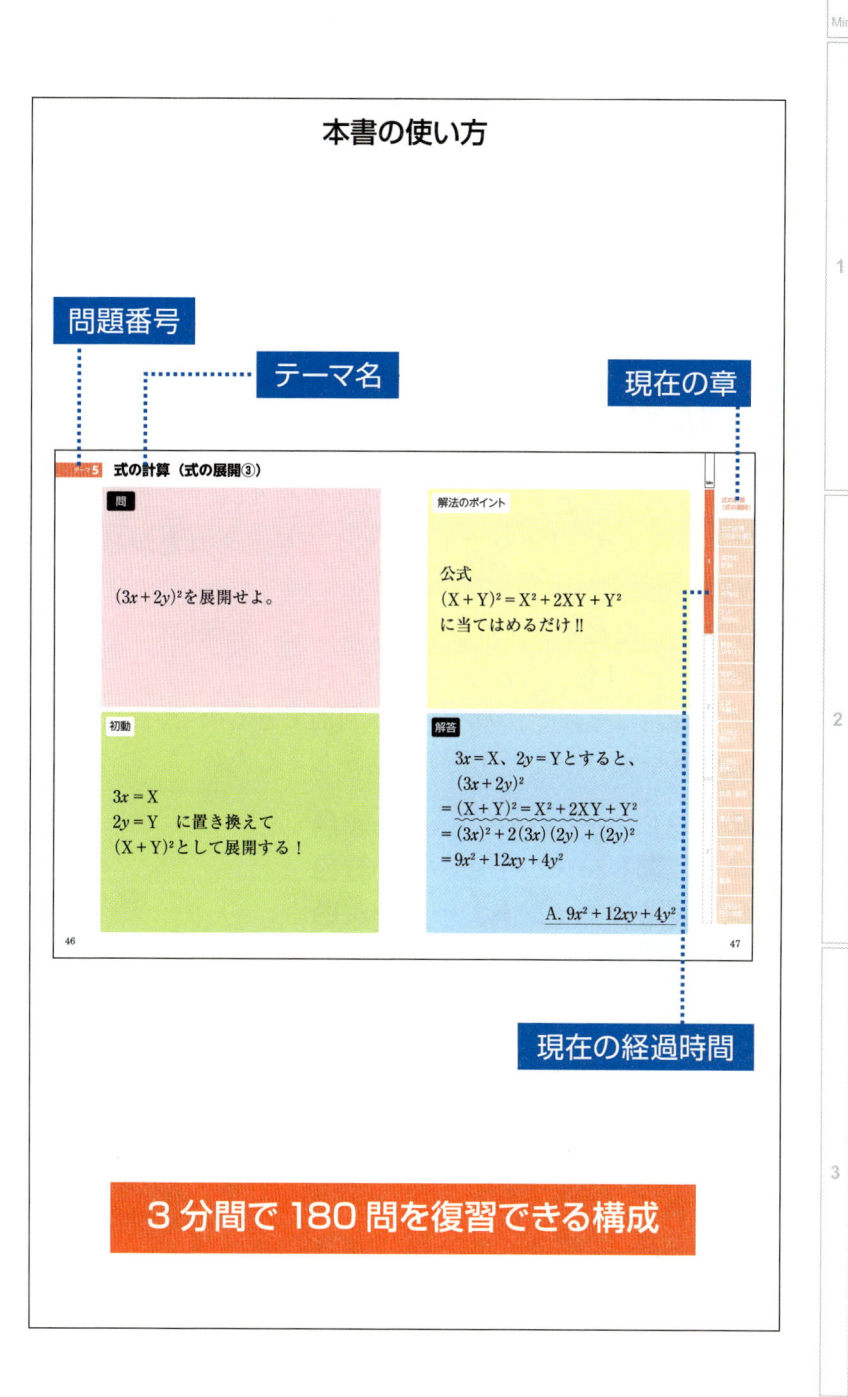

問題番号

テーマ名

現在の章

| POINT 5 | 式の計算（式の展開③） |

問

$(3x+2y)^2$ を展開せよ。

初動

$3x = X$
$2y = Y$ に置き換えて
$(X+Y)^2$ として展開する！

解法のポイント

公式
$(X+Y)^2 = X^2 + 2XY + Y^2$
に当てはめるだけ!!

解答

$3x = X$, $2y = Y$ とすると、
$(3x+2y)^2$
$= (X+Y)^2 = X^2 + 2XY + Y^2$
$= (3x)^2 + 2(3x)(2y) + (2y)^2$
$= 9x^2 + 12xy + 4y^2$

A. $9x^2 + 12xy + 4y^2$

46　　47

現在の経過時間

3分間で180問を復習できる構成

Min

1
- 式の計算①
- 式の計算②
- 実数の計算
- 1次不等式
- 2次方程式

2
- 関数とグラフ①
- 関数とグラフ②
- 2次不等式
- 三角比・図形①
- 三角比・図形②

3
- 集合・論理
- 場合の数①
- 場合の数②
- 確率
- 三角形と円の性質

15

つまり、「**色鮮やかなものを使い、記憶・暗記に応用**」すれば、今まで使っていなかった「右脳」の膨大な容量を使えるようになり、記憶力・暗記力が向上するのです。

　これは、脳の97％を占め「眠っている能力」とも言われる、潜在的な力を使うことにもつながります。
　本書は、潜在的な力を最大限に引き出すため、「4つの色」を活用しました。

　38ページから始まる、本文を見てください。
　この本を見て、「カラフルだなぁ」と感じられたかと思います。
　ですが、ただカラフルなだけではなく、実際には、「意味のある4色」しか使っていません。
　見た瞬間にそれぞれのパートが判別できるので、脳に刻みやすい、という長所を活かしました。

- ●「問」……………………赤色
- ●「初動」…………………緑色
- ●「解法のポイント」………黄色
- ●「解答」…………………青色

　このように、『1分間数学Ⅰ・A 180』は、「右脳」を刺激し、「眠っている97％の脳の力」を最大限使えるように、工夫がしてあるのです。

特長2 「左手でめくる」ことで、右脳が刺激される

実は、人間の体の構造というのは、

● **「右脳」が左半身**
● **「左脳」が右半身**

というように、「逆転して」つながっています。
　つまり、「右脳」は「左手」とつながっていて、「左脳」は「右手」とつながっています。
　ですから、『1分間数学Ⅰ・A 180』の本を、

「右手で持って、左手でめくる」

ように使っていくことで、色だけではなく、左手でも「右脳を刺激することができる」のです。

実際に「脳内の血流の動き」が映像で見られる「光トポグラフィー装置」という機械を使って「左手」を使っている人の脳内を見てみると、「右脳が使われている」のが、映像でも確認できるそうです。

　現代人のほとんどが使っていない、「右脳」を効率よく刺激して使うことで、さらに記憶・暗記が定着します。

数学の勉強で、やってはいけない3つのこと

　ほとんどの方が、数学が苦手になってしまう理由。
　多くの人が、数学の成績が上がらない理由。
　それは、もともと頭が悪いからではありません。
　そうではなく、**非効率な勉強をしている**からです。
　ただそれだけの理由で、成績が上がらないわけです。
　逆に言えば、効率良く勉強をすれば、誰でも数学の成績はすぐに上がります。

　では、数学の勉強法において、どんな勉強の仕方をしてはいけないのか？　という、「やってはいけない3つのこと」から、お話ししましょう。

　やってはいけない3つのこと。
　それは、

1. **自力で問題を解こうとしてしまう**
2. **授業のときに、先生の板書を書き写しただけで、勉強した気になってしまう**
3. **ひとつの単元を完璧にしてから、次の単元へ進もうとしてしまう**

　この3つです。

まず、1ですが、ほとんどの人が、数学の問題を見ると、その瞬間、自力で解こうとしてしまっています。

しかし、これこそが、数学においては、もっとも非効率な勉強法です。

解ける問題ならば、解くだけ時間の無駄です。

解ける問題だと思ったら、解かずに、他の問題に当たったほうが、当然ですが、時間の節約になります。

「解ける問題を解く時間」というのは、自己満足だけで、単なる時間の浪費だと考えてください。

逆に、問題を見た瞬間、「解法」がわからないのであれば、いくら考えたとしても、時間の無駄です。

すぐに解答を見たほうが、「解法」がわかるので、時間短縮につながります。

どうしても数学の場合は、「自力で問題を解くこと＝正義」「自力で解く前に、解答を見ること＝悪」と考えてしまいがちです。

ですが、解けることがわかっているなら、解くだけ時間の無駄ですし、解けないならば、どうせ考えてもわからないので時間の無駄なのです。

なので、**「自力で問題を解くこと＝悪」「自力で解く前に、解答を見ること＝正義」**と、マインドをチェンジすることが第一です。

どのみち、試験のときは自力で問題を解くことになるわけですから、そのときだけ自力で問題を解き、それ以外は、自力で問題を解かないほうが、時間の節約につながります。
（ただ、例外として、計算問題だけは、何度も自力で解く

訓練をしたほうが良いと考えています。数学における基礎体力の向上につながり、解答スピードが上昇するからです）

　もし、その問題について、1分（60秒）考えこんでしまうのであれば、その間に、1問1秒で、60問分の復習をしたほうが、成績は上がるとは思いませんか？
　このスピード勉強法こそ、「1分間数学勉強法」の、醍醐味なのです。

　なので、問題を見て、立ち止まって考えてしまったり、自力で解こうとしたりする行為は、テスト本番以外は、無駄だと考えてください。

「数学を勉強することで、論理的な思考力を養いましょう」と言う人がいますが、そんなことをしている時間があったら、1問1秒でどんどん復習をしていったほうが、論理的な思考力を最短で養うスピードも最速になるのです。1分間勉強法においては、「スピードが速いものこそ正義」であり、「スピードが遅いものすべてが悪」だと考えてください。
　徹底的に効率化してこそ、勉強を極めることができるのです。
　勉強のスピード化、効率化を常に考え続けることで、成績は最短距離で上がっていきます。

　次に、2の「授業のときに、先生の板書を書き写しただけで、勉強した気になってしまう」ですが、数学の授業だと、先生が黒板に書いてある文章を、そのままノートに書き写すことが勉強だと思っている人が、多いのではないでしょうか？

ですが、その場合、問題文がコピーしてノートに貼られている状態でないと、復習するときに、いちいち教科書の問題と照合する手間が生じてしまいます。

　つまり、問題文と解答がゼロ秒で照合できる状態でないと、問題文を書き写したとしても、結局は、復習に時間がかかってしまうのです。

　そうではなく、正しいノートの取り方というのは、**「復習したときにゼロ秒でわかるようにしておく」**ということだと考えて下さい。

　では、いよいよ正しいノートの取り方を、
お教えしましょう。

　正しいノートの取り方というのは、カラーマジックシートを使って、

> ①右上部分に、問題文をコピーして貼っておく
> （書き写す手間が省けます）
> ②右下部分に、解答をコピーして貼っておく
> （書き写す手間が省けます）
> ③左下部分に、「初動」を書く
> ④右上部分に、「解法のポイント」を書く

というのが正解なのです。
　そうしておけば、次回ノートを見返したときに、
1秒で復習することができます。

大切なのは、何度も繰り返しますが、数学の勉強は「1秒で見返すことができるノート」を、いかに多く作っておけるか？　がポイントです。
「1秒で復習できるノート」作りこそ、数学の勉強そのものであると言っても、過言ではありません。
　問題文と解答を書き写す時間があったら、問題文と解答をコピーして貼りつけたほうが、時間短縮につながります。

　そして、3の「ひとつの単元を完璧にしてから、次の単元へ進もうとしてしまう」ですが、普段、完璧主義者ではない人でも、数学になると、完璧を追い求めてしまう人がいます。
　もちろん、問題を解くことに関しては、完璧な答えでないと、正解になりません。
　ですが、勉強の仕方に関しては、完璧主義者にならないほうが、効率的に成績は上がるのです。

　そう。
「解答には完璧が求められるが、勉強をしている最中は、完璧主義であってはならない」
　これが、数学の勉強をする上で、大切なのです。

　例えば、ひとつの単元が完璧ではないからといって、完璧を求めて、ずっとその単元の勉強ばかりして、そこで勉強が止まってしまう人がいます。
　ですが、そんなときに、まだ手つかずになっている次の単元が試験で出題されたら、困るのではないでしょうか？

数学が苦手になってしまう人の多くが、「たまたま教科書の前のほうの単元でつまずいてしまい、そこから次に進めない」という状況に陥っています。

　そんなときこそ、完璧主義者にならずに、次の問題、単元に進んでください。
　そして、また次に勉強したときにでも、その問題を理解できればいいと、軽く考えるのです。
　そのほうが、効率的に勉強を進めることができます。

どうしてもわからなかったら、そこで立ち止まらずに、次に進めば良い。
そして、最後の単元まで進んでから、また見返せば良い。

　そのくらいの気持ちで多くの範囲の問題に接して、問題の「解法」を理解しようとするのが、数学の勉強としては、効率が良いのです。

　完璧主義に陥らず、どんどん、解ける問題を増やし続けていきましょう。

数学は「初動(しょどう)」がすべて 「初動数学」の考え方とは?

「1分間数学には、『**初動**』っていう言葉が出てくるけど、いったい何だろう？」

　そう感じた方もいるかもしれません。
　初動とは、
「問題を見た瞬間、ゼロ秒で何をすべきか？」
ということです。

「数学の問題を見た瞬間に、答えがひらめく天才がいる」
「自分は天才ではないので、数学の才能がない」
と言う人がいます。
　では、
「あなたは問題を見た瞬間に、ゼロ秒で何をしたら良いかに関して、ひらめくための訓練をしたことがありますか？」
と聞くと、ほとんどの人が、そういった訓練をしていないのが実情です。
　いや、問題を見た瞬間に答えをひらめこうという思考回路さえ、無い人が大半かもしれません。

　天才は、問題を見た瞬間に、ゼロ秒でどうすればいいか？

がひらめくと言います。
　ならばあなたも、問題を見た瞬間に、ゼロ秒でどうすれば良いか？　がすでにわかっている状態だったら、
どうでしょう？

あなたも天才と同じ能力を手に入れることができるとは思いませんか？

　いや、さらに進んで、天才がひらめく前に、あなたが大量の問題、例えば18000問に関して、問題を見た瞬間にゼロ秒で何をしたらいいかがわかる状態になっていたとしたら、どうでしょう？
　もし、それができるのならば、あなたは天才をも逆転できるはずではないでしょうか？

**1. 問題に対して、ゼロ秒で何をすればいいのか？
　 をすでに頭の中にインストールした状態にしておく。**
2. 試験問題に当たる。

　これが、数学の試験の正しい受け方です。

『1分間数学Ⅰ・A 180』が、他の参考書と大きく違うところは、「問題を見た瞬間に何をするか？」という「初動」に着目している点です。

『1分間数学Ⅰ・A 180』は、初動で何をすれば良いか、ゼロ秒で思い出すための訓練を行いますので、その結果、1問1秒で問題が復習できるようになるのです。

「数学は、初動がすべて」

　この**「初動数学」**という概念を、本書でおわかりいただければと思います。

『1分間数学Ⅰ・A180』を作ったきっかけは？

　私はこれまで、『1分間英単語1600』『1分間英熟語1400』（以上、中経出版）をはじめ、『1分間日本史1200』『1分間世界史1200』『1分間古文単語240』（以上、水王舎）と、英語や歴史、古文単語に関して、1単語1秒、1問1秒にこだわって、スピード勉強法に特化した本を執筆してきました。

　そんななか、読者の方々から、
「数学が苦手です。でも、宇宙飛行士になるために、数学ができるようになりたいです……」
「数学さえ得意になれば！　数学を1秒で解けるようになるための本を出版してください！」
といった声を、多くいただきました。

　私自身、受験時代、ひとつの単元に180くらいの問題と答えの解法について、「1秒で復習するためのノート」を自作して、試験前日に1000問から2000問近くを復習していました。
　そして、当時から、
「どうして、1秒1問で数学の問題を復習できるようになる本がないんだろう？　あったら、絶対に買うのに！」
と思っていました。
　結局、私の受験時代には、出版されることはありませんでした。そこで、当時私が自作していたノートを、さらに現在のカリキュラムに合うように、進化させて作り直したのが、今回の『1分間数学Ⅰ・A 180』なのです。

最低限押さえておくべき180問を厳選!

「『1分間数学Ⅰ・A 180』には、どんな問題が含まれているの？」

　はい。今回の『1分間数学Ⅰ・A 180』の内容は、「式の計算」「不等式」「関数とグラフ」「三角比・図形の公式」など、数学Ⅰ・Aを勉強する上で、最低限押さえておくべき基礎的な問題ばかりとしました。
　中には、2次関数の前に1次関数を入れるなど、中学校時代でつまずいたために、数学が苦手になったという「苦手意識」を克服するため、あえて中学レベルのものも含めました。
　大学入試を受けるためには、まずは基礎を身につけ、土台を作ることが何より重要です。ぜひ、この1冊で、数Ⅰ・Aの基本事項をすべてマスターしていってください。

　さらに、1問につき見開き2ページをとっていて、1問ごとに確認ができるようになっています。なので、最終的には、1問1秒で復習ができるように作成されています。
　まずは、数Ⅰ・Aの基礎に関して、この本を通してマスターしてみてはいかがでしょうか？

　では、「1分間数学」の使い方について、3つのステップでご説明します。

『1分間数学I・A180』の3ステップ

『1分間数学Ⅰ・A 180』の学習は、次の3ステップで完成します。

【ステップ1】問・初動・解法のポイント・解答の順番で、じっくり読みながら理解する。(1問10分)
※これを180問通して行います。
(180問×10分＝1800分＝30時間)

【ステップ2】問1秒・初動1秒・解法のポイント1秒・解答1秒の順番で見直す。(1問4秒)
※これを180問通して行います。
(180問×4秒＝720秒＝12分)
※これを1日1～3回行い、当たり前だと思える状態まで繰り返していきます。

【ステップ3】問→解答の順(左上から右下)に視線を送り、初動と解法のポイントに関しては、自然と目に入る状態にする。(1問1秒)
※これを180問通して行います。
(180問×1秒＝180秒＝3分)
※1日1～3回繰り返していきます。

　この「3ステップ」で行うのが、『1分間数学Ⅰ・A 180』の勉強法です。

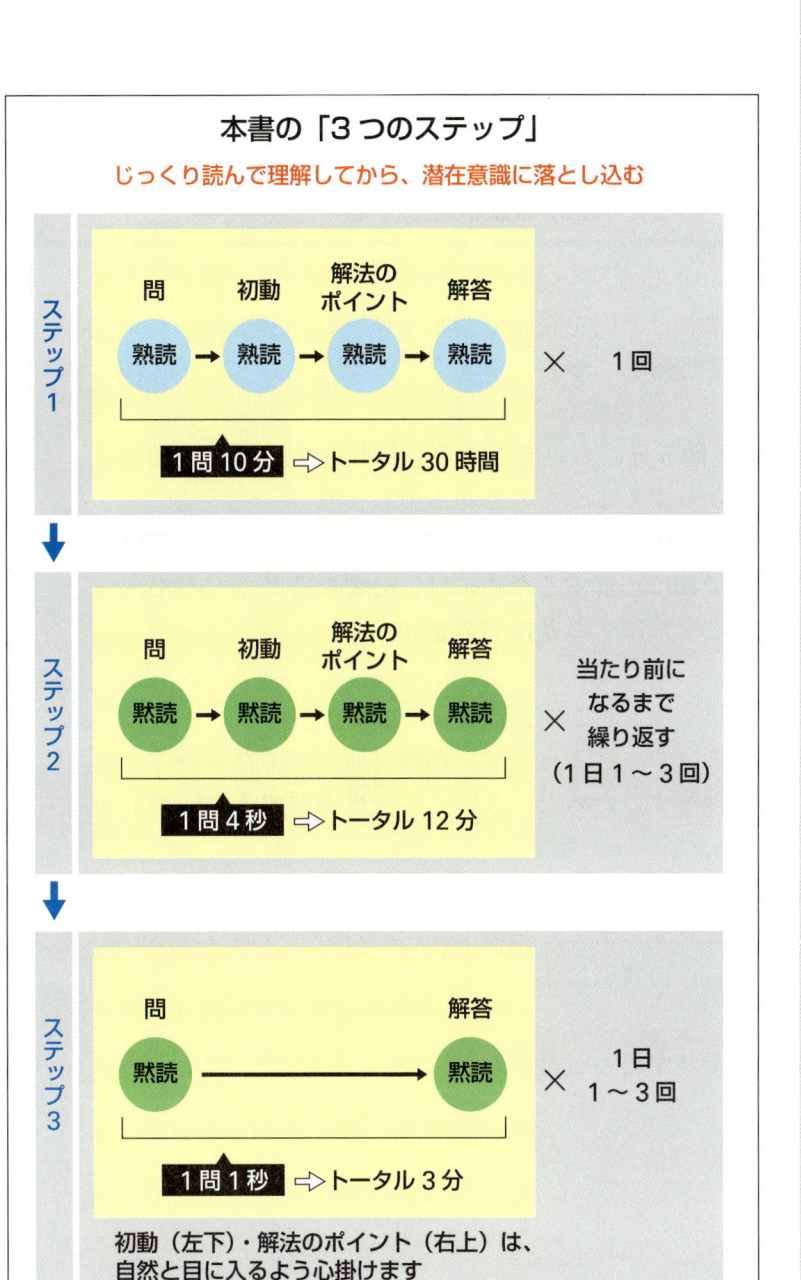

本書の「3つのステップ」
じっくり読んで理解してから、潜在意識に落とし込む

ステップ1

問（熟読）→ 初動（熟読）→ 解法のポイント（熟読）→ 解答（熟読） × 1回

1問10分 ⇨ トータル30時間

↓

ステップ2

問（黙読）→ 初動（黙読）→ 解法のポイント（黙読）→ 解答（黙読） × 当たり前になるまで繰り返す（1日1〜3回）

1問4秒 ⇨ トータル12分

↓

ステップ3

問（黙読）―――→ 解答（黙読） × 1日1〜3回

1問1秒 ⇨ トータル3分

初動（左下）・解法のポイント（右上）は、自然と目に入るよう心掛けます。

1
- 式の計算①
- 式の計算②
- 実数の計算
- 1次不等式
- 2次方程式
- 関数とグラフ①
- 関数とグラフ②

2
- 2次不等式
- 三角比・図形①
- 三角比・図形②

3
- 集合・論理
- 場合の数①
- 場合の数②
- 確率
- 三角形と円の性質

【ステップ1】
問・初動・解法のポイント・解答の順番で、じっくり読みながら理解する

　これは、問を読んで初動を理解し、解法のポイントを見て理解してから、解答をじっくり見るという流れです。

　1問5分くらいでできるものもあれば10分くらいかかってしまうものもあるでしょう。
　1問10分かかったとしても、180問で1800分、30時間です。
　最初に理解するためには、必要なことですので、ここを飛ばすことはできません。

　早く「1問1秒」になりたい気持ちはわかりますが、ここはぐっとこらえて、理解に徹してください。
　理解するためだけなので、一度理解するだけで十分です。

　さて、【ステップ1】を一度行うことで、問題の解き方が潜在意識（せんざい）に落とし込めて、「うろ覚え〜だいたい覚えている」くらいの状態にすることができるはずです。

　それが終わったら、【ステップ2】へ進みましょう。

【ステップ2】
問1秒・初動1秒・解法のポイント1秒・解答1秒　の順番で見直す

【ステップ1】では、理解をするために、1問につき10分程度の時間をかけました。
　この作業により、問・初動・解法のポイント・解答のすべてが潜在意識に落とし込まれたことになります。

【ステップ2】では、問1秒→初動1秒→解法のポイント1秒→解答1秒、の順番で見直していきます。
　1問4秒なので、180問×4秒＝720秒＝12分かかる計算になります。

　既に理解している状態で、確認する作業なので、このスピードに慣れてください。
　特に、解答部分は式が長いため、1秒で見返すのは不安になるかもしれませんが、一度理解しているので大丈夫だと言い聞かせて、リズムを守ってください。
　トータルで12分なので、1日1回。
　多くて3回を目安に、見返す訓練をしてください。

　慣れると、このスピードでも遅いくらいに感じるはずです。「1問4秒でも遅いな」と感じてくるのが、だいたい60回復習したあたりだと思います。
　目安として、60回復習してから、次の【ステップ3】に移ってください。

> **【ステップ3】**
> 問→解答の順番に視線を送り、初動と解法の
> ポイントに関しては、自然と目に入る状態にする

　　**人間の視線は、左上から右下に移動するのが、
もっとも早いと言われています。**
　なので、【ステップ3】では、問→解答の順に、
ノートの左上から右下へと視線を動かします。
　その間に、思わず、初動・解法のポイントが目に入って
しまう、という状態を作り出します。
　これにより、「1問1秒」という究極の復習が実現します。

　1問1秒ですので、180問を3分で解ける！　ということ
になります。
　これを1日1回。最大3回行います。

　同様に、4色の自作ノートを作成することで、
この3ステップの必勝パターンを増やしていきましょう。

　これが、180問からスタートし、1800問、18000問と
増えていくことで、数学に関しては、ほぼ無敵になることが
可能です。

問→解答への視線の動き

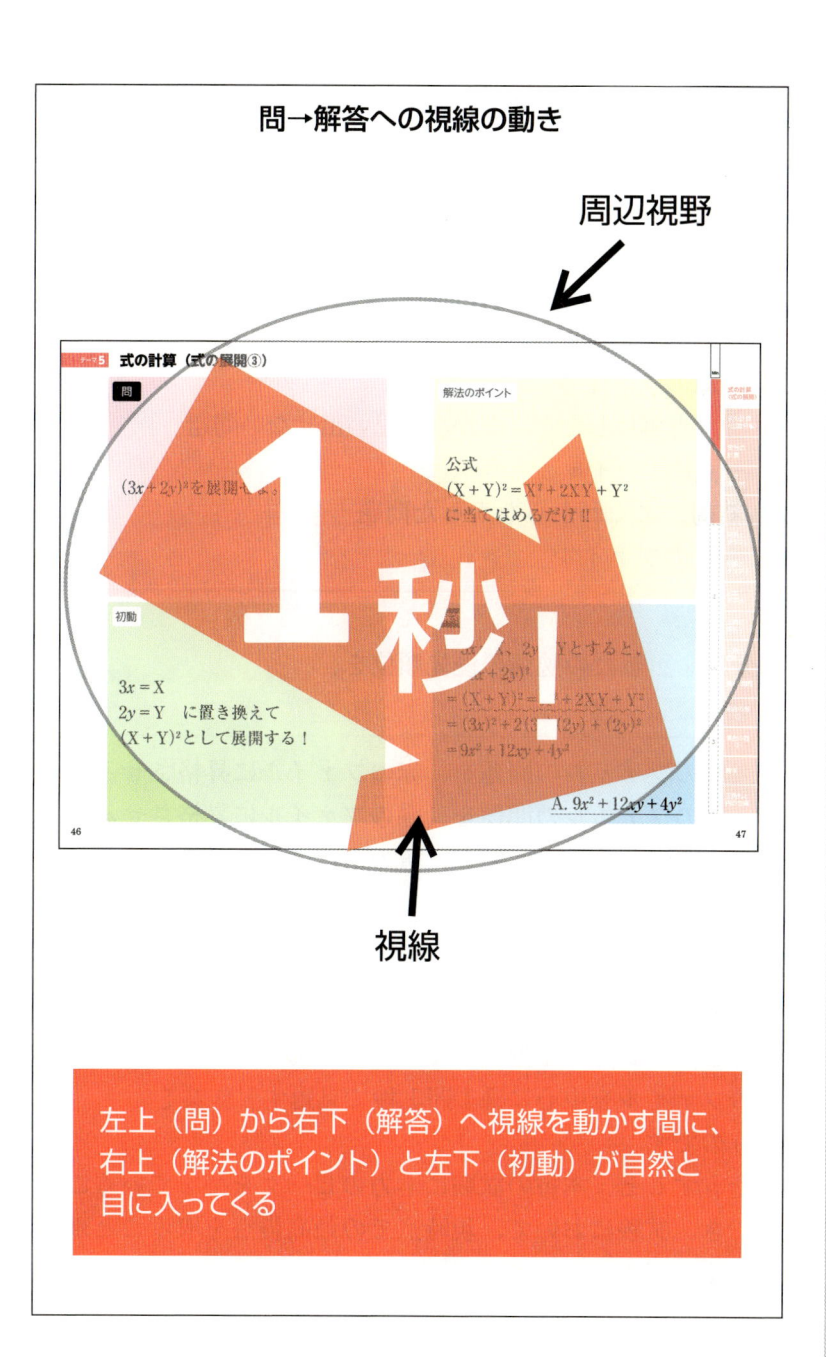

周辺視野

1秒！

視線

左上（問）から右下（解答）へ視線を動かす間に、右上（解法のポイント）と左下（初動）が自然と目に入ってくる

そして、先ほども申し上げましたが、

> ・見た瞬間に、ゼロ秒で完璧に理解している問題
> 　→赤のファイル
> ・見た瞬間に、思い出すのに3秒くらいかかるが、
> 　思い出せる問題
> 　→緑のファイル
> ・一度理解はしたが、なかなか思い出せない問題
> 　→黄のファイル
> ・結局、よくわからなかった問題
> 　→青のファイル

に分類し、普段の勉強の優先順位を、

> 1. 緑のファイルの問題を、赤のファイルに昇格させる
> 2. 黄のファイルの問題を、緑のファイルに昇格させる
> 3. 青のファイルの問題を、黄のファイルに昇格させる

として、勉強を行いましょう。

　そして、試験の1週間前くらいから前日まで、赤のファイルを中心に「1問1秒で見返す」作業を行うのです。
　そうすると、本番の試験に学力のピークを持っていくことができ、試験において、現時点での最高得点を取ることができるのです。

ぜひ、あなたも本書『1分間数学Ⅰ・A 180』で、「1問1秒」が当たり前になって、数学を「超得意科目」にしてください。本書の威力と効果を、実感していただければ、著者として幸いです。

　また、「短い時間で行う勉強法」について、「本1冊が1分で読める方法」や「60冊分の本を1分間で復習できる方法」を書いた私の著作

『本当に頭がよくなる　1分間勉強法』（中経出版）

もお読みいただけますと、今後の人生における勉強に、とても役立つものと、確信しております。

　最後になりましたが、本書の作成におきましては、㈱瑪瑠企画さま、インターネット予備校「キューブエイチ」代表の林隆一さんに多大なるご協力をいただきました。
　記して、感謝いたします。

㈱ココロ・シンデレラ　代表取締役　石井貴士

数学Ⅰ
①

One Minute Tips to Master Mathematics I & A 180

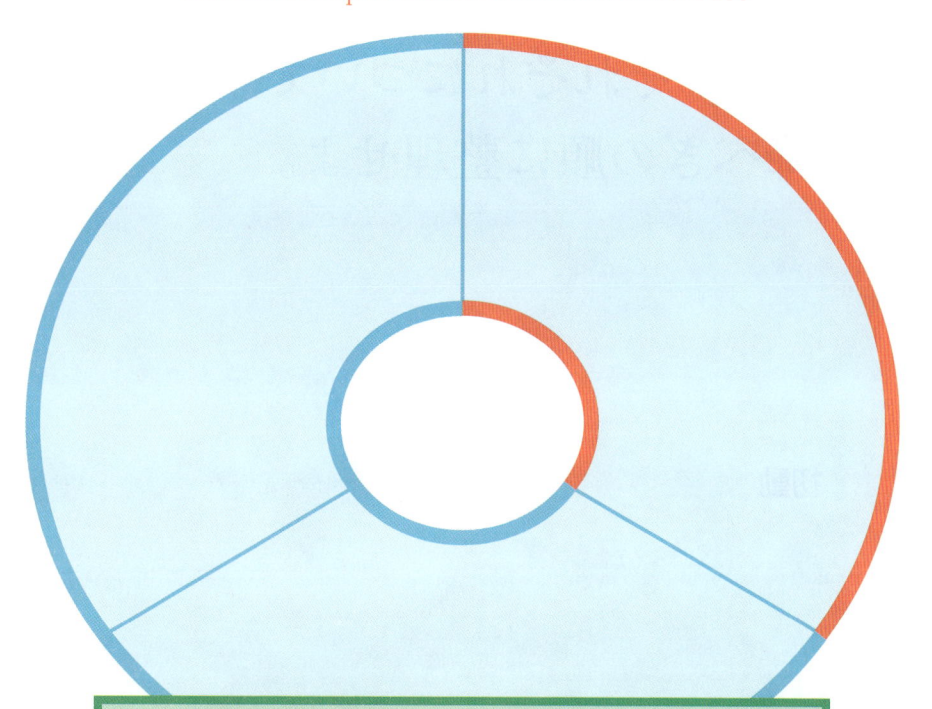

式の計算①
式の計算②
実数の計算
1次不等式
2次方程式

テーマ1　式の計算①（多項式の整理①）

問

$3x^2 + 2xy + 5y^2 - 4x - 3y + 7$ を
x と y それぞれについて
降べきの順に整理せよ。

初動

$\bigcirc x^2 + \bigcirc x + \bigcirc$
$\bigcirc y^2 + \bigcirc y + \bigcirc$ の形をつくるだけ！

解法のポイント

2乗、1乗、…の順に並べることを
「降べきの順」という!!

解答

x について整理すると、
$$3x^2 + 2xy + 5y^2 - 4x - 3y + 7$$
$$= 3x^2 + 2xy - 4x + 5y^2 - 3y + 7$$
$$= 3x^2 + (2y - 4)x + (5y^2 - 3y + 7)$$

A. $3x^2 + (2y - 4)x + (5y^2 - 3y + 7)$

y について整理すると、
$$3x^2 + 2xy + 5y^2 - 4x - 3y + 7$$
$$= 5y^2 + 2xy - 3y + 3x^2 - 4x + 7$$
$$= 5y^2 + (2x - 3)y + (3x^2 - 4x + 7)$$

A. $5y^2 + (2x - 3)y + (3x^2 - 4x + 7)$

テーマ2 式の計算①（多項式の整理②）

問

$2A-3(4C-B)-3(B-5C)$ を計算せよ。
ただし、
$A = 2x^2 - 3x^2y + 4xy^2 + y^3$
$B = -3x^2y + 6xy^2 - y^2$
$C = xy^2 - y^3$
とし、計算結果は x について
降べきの順に整理して示すこと。

初動

$2A-3(4C-B)-3(B-5C)$ を
A, B, C それぞれについて整理し、
簡単な式にする！

解法のポイント

$$2A - 3(4C - B) - 3(B - 5C)$$
$$= 2A - 12C + 3B - 3B + 15C$$
$$= 2A + 3C$$

としてから、A, C をそれぞれ代入する!!

解答

$$2A - 3(4C - B) - 3(B - 5C)$$
$$= 2A - 12C + 3B - 3B + 15C = 2A + 3C$$
$$= 2(2x^2 - 3x^2y + 4xy^2 + y^3) + 3(xy^2 - y^3)$$
$$= 4x^2 - 6x^2y + 8xy^2 + 2y^3 + 3xy^2 - 3y^3$$
$$= 4x^2 - 6x^2y + 11xy^2 - y^3$$
$$= (4 - 6y)x^2 + 11y^2x - y^3$$

$$\underline{\text{A.} \quad (4 - 6y)x^2 + 11y^2x - y^3}$$

テーマ3　式の計算①（式の展開①）

問

$(xz+3y)(xz+2y)$ を展開せよ。

初動

$xz = X$
$3y = A$
$2y = B$　に置き換えて
$(X+A)(X+B)$ として展開する！

解法のポイント

公式
$(X+A)(X+B) = X^2 + (A+B)X + AB$
に当てはめるだけ!!

$$\left(\underset{③\quad ④}{\overset{①\quad ②}{(X+A)(X+B)}} = \overset{①}{X^2} + \overset{②}{XB} + \overset{③}{AX} + \overset{④}{AB} \\ \qquad\qquad\qquad = X^2 + (A+B)X + AB \right)$$

解答

$xz = X,\ 3y = A,\ 2y = B$ とすると、
$(xz + 3y)(xz + 2y)$
$= \underline{(X+A)(X+B) = X^2 + (A+B)X + AB}$
$= (xz)^2 + (3y + 2y)xz + (3y)(2y)$
$= x^2z^2 + 5xyz + 6y^2$

A.　$\underline{x^2z^2 + 5xyz + 6y^2}$

テーマ4 式の計算①（式の展開②）

問

$(6xy+2z)(5xy+3z)$ を展開せよ。

初動

$xy = X$
$6 = A$
$2z = B$
$5 = C$
$3z = D$ に置き換えて
$(AX+B)(CX+D)$ として展開する！

解法のポイント

公式
$$(AX+B)(CX+D) = ACX^2 + (AD+BC)X + BD$$
に当てはめるだけ!!

$$\begin{pmatrix} (AX+B)(CX+D) = AX\cdot CX + AXD + BCX + BD \\ \qquad\qquad\qquad = ACX^2 + (AD+BC)X + BD \end{pmatrix}$$

解答

$xy = X$, $6 = A$, $2z = B$, $5 = C$, $3z = D$ とすると、

$(6xy + 2z)(5xy + 3z)$

$= (AX+B)(CX+D) = ACX^2 + (AD+BC)X + BD$

$= 6 \times 5 (xy)^2 + (6 \times 3z + 2z \times 5)xy + (2z)(3z)$

$= 30x^2y^2 + (18z + 10z)xy + 6z^2$

$= 30x^2y^2 + 28xyz + 6z^2$

$$\text{A. } 30x^2y^2 + 28xyz + 6z^2$$

テーマ5 式の計算①(式の展開③)

問

$(3x+2y)^2$ を展開せよ。

初動

$3x = X$
$2y = Y$　に置き換えて
$(X+Y)^2$ として展開する！

解法のポイント

公式
$(X + Y)^2 = X^2 + 2XY + Y^2$
に当てはめるだけ!!

解答

$3x = X, 2y = Y$ とすると、
$(3x + 2y)^2$
$= \underline{(X + Y)^2 = X^2 + 2XY + Y^2}$
$= (3x)^2 + 2(3x)(2y) + (2y)^2$
$= 9x^2 + 12xy + 4y^2$

$\underline{\text{A. } 9x^2 + 12xy + 4y^2}$

テーマ6 式の計算①（式の展開④）

問

$(7ab - 2c)^2$ を展開せよ。

初動

$7ab = X$
$2c = Y$ に置き換えて
$(X - Y)^2$ として展開する！

解法のポイント

公式
$(X-Y)^2 = X^2 - 2XY + Y^2$
に当てはめるだけ!!

解答

$7ab = X, 2c = Y$ とすると、
$(7ab - 2c)^2$
$= \underline{(X-Y)^2 = X^2 - 2XY + Y^2}$
$= (7ab)^2 - 2(7ab)(2c) + (2c)^2$
$= 49a^2b^2 - 28abc + 4c^2$

$$\text{A. } \underline{49a^2b^2 - 28abc + 4c^2}$$

テーマ7　式の計算①（式の展開⑤）

問

$(5x+2y)(5x-2y)$ を展開せよ。

初動

$5x = X$
$2y = Y$　に置き換えて
$(X+Y)(X-Y)$ として展開する！

解法のポイント

公式
$(X+Y)(X-Y) = X^2 - Y^2$
に当てはめるだけ!!

解答

$5x = X, 2y = Y$ とすると、
$(5x+2y)(5x-2y)$
$= \underline{(X+Y)(X-Y) = X^2 - Y^2}$
$= (5x)^2 - (2y)^2$
$= 25x^2 - 4y^2$

A. $\underline{25x^2 - 4y^2}$

テーマ8　式の計算①（式の展開⑥）

問

$(2x+3y)(4x^2-6xy+9y^2)$ を展開せよ。

初動

$2x = X$
$3y = Y$　に置き換えて
$(X+Y)(X^2-XY+Y^2)$ として展開する！

解法のポイント

公式
$(X+Y)(X^2-XY+Y^2) = X^3+Y^3$
に当てはめるだけ!!

解答

$2x = X, 3y = Y$ とすると、
$\quad (2x+3y)(4x^2-6xy+9y^2)$
$= \underline{(X+Y)(X^2-XY+Y^2) = X^3+Y^3}$
$= (2x)^3 + (3y)^3$
$= 8x^3 + 27y^3$

A.　$\underline{8x^3 + 27y^3}$

テーマ9 式の計算①（式の展開⑦）

問

$(3x-2y)(9x^2+6xy+4y^2)$ を展開せよ。

初動

$3x = X$
$2y = Y$ に置き換えて
$(X-Y)(X^2+XY+Y^2)$ として展開する！

解法のポイント

公式
$(X-Y)(X^2+XY+Y^2)=X^3-Y^3$
に当てはめるだけ!!

解答

$3x=X, 2y=Y$ とすると、
$(3x-2y)(9x^2+6xy+4y^2)$
$=\underline{(X-Y)(X^2+XY+Y^2)=X^3-Y^3}$
$=(3x)^3-(2y)^3$
$=27x^3-8y^3$

A. $\underline{27x^3-8y^3}$

テーマ10 式の計算①(式の展開⑧)

問

$(2x+3y)^3$ を展開せよ。

初動

$2x = X$
$3y = Y$　に置き換えて
$(X+Y)^3$　として展開する!

解法のポイント

公式
$(X+Y)^3 = X^3 + 3X^2Y + 3XY^2 + Y^3$
に当てはめるだけ!!

解答

$2x = X, 3y = Y$ とすると、

$(2x+3y)^3$
$= (X+Y)^3 = X^3 + 3X^2Y + 3XY^2 + Y^3$
$= (2x)^3 + 3(2x)^2(3y) + 3(2x)(3y)^2 + (3y)^3$
$= 8x^3 + 3(4x^2)(3y) + 3(2x)(9y^2) + 27y^3$
$= 8x^3 + 36x^2y + 54xy^2 + 27y^3$

A. $8x^3 + 36x^2y + 54xy^2 + 27y^3$

テーマ11 式の計算①（式の展開⑨）

問

$(3x - 2y)^3$ を展開せよ。

初動

$3x = X$
$2y = Y$ に置き換えて
$(X - Y)^3$ として展開する！

解法のポイント

公式
$(X-Y)^3 = X^3 - 3X^2Y + 3XY^2 - Y^3$
に当てはめるだけ!!

解答

$3x = X, 2y = Y$ とすると、
$(3x-2y)^3$
$= (X-Y)^3 = X^3 - 3X^2Y + 3XY^2 - Y^3$
$= (3x)^3 - 3(3x)^2(2y) + 3(3x)(2y)^2 - (2y)^3$
$= 27x^3 - 3(9x^2)(2y) + 3(3x)(4y^2) - 8y^3$
$= 27x^3 - 54x^2y + 36xy^2 - 8y^3$

A. $27x^3 - 54x^2y + 36xy^2 - 8y^3$

テーマ12　式の計算①（式の展開⑩）

問

$(x+y+z)^2$ を展開せよ。

初動

$x+y=X$ に置き換えて
$(X+z)^2$ として展開する！

解法のポイント

公式
$(X+Y)^2 = X^2 + 2XY + Y^2$
に当てはめるだけ!!

解答

$x+y=X$ とすると、
$$(x+y+z)^2$$
$$=(X+z)^2 = X^2 + 2Xz + z^2$$
$$=(x+y)^2 + 2(x+y)z + z^2$$
$$=x^2 + 2xy + y^2 + 2xz + 2yz + z^2$$
$$=x^2 + y^2 + z^2 + 2xy + 2yz + 2zx$$

A. $x^2 + y^2 + z^2 + 2xy + 2yz + 2zx$

テーマ13 式の計算②（因数分解①）

問

$49x^2 + 28xy + 4y^2$ を因数分解せよ。

初動

$\underline{49x^2} + \underline{28xy} + \underline{4y^2}$

$7x \times 7x$　　$2y \times 2y$　　に気づく！

$(2 \times 7x \times 2y)$

解法のポイント

$7x = X, 2y = Y$ と置き換えれば、$X^2 + 2XY + Y^2$ の形になるので、$X^2 + 2XY + Y^2 = (X+Y)^2$ の公式に当てはめるだけ!!

解答

$49x^2 + 28xy + 4y^2$
$= (7x)^2 + 2(7x)(2y) + (2y)^2$
ここで $7x = X, 2y = Y$ とすると、
(与式)
$= X^2 + 2XY + Y^2 = (X+Y)^2$
$= (7x + 2y)^2$

A. $(7x + 2y)^2$

テーマ14 式の計算②（因数分解②）

問

$64x^2 - 80xy + 25y^2$ を因数分解せよ。

初動

$64x^2 - 80xy + 25y^2$

$8x \times 8x$　　$5y \times 5y$　に気づく！

$(2 \times 8x \times 5y)$

解法のポイント

$8x = X, 5y = Y$ と置き換えれば、
$X^2 - 2XY + Y^2$ の形になるので、
$X^2 - 2XY + Y^2 = (X - Y)^2$
の公式に当てはめるだけ!!

解答

$\quad 64x^2 - 80xy + 25y^2$
$= (\underline{8x})^2 - 2(\underline{8x})(\underline{5y}) + (\underline{5y})^2$
ここで $8x = X, 5y = Y$ とすると、
$\quad$ (与式)
$= X^2 - 2XY + Y^2 = (X - Y)^2$
$= (8x - 5y)^2$

$\qquad\qquad\qquad$ A. $\underline{(8x - 5y)^2}$

65

テーマ15　式の計算②（因数分解③）

問

$25x^2 - 9y^2$ を因数分解せよ。

初動

$$\underline{25x^2} - \underline{9y^2}$$
$5x \times 5x \quad 3y \times 3y$　に気づく！

解法のポイント

$5x = X, 3y = Y$ と置き換えれば、$X^2 - Y^2$ の形になるので、
$X^2 - Y^2 = (X+Y)(X-Y)$
の公式に当てはめるだけ!!

解答

$25x^2 - 9y^2$
$= (5x)^2 - (3y)^2$
ここで $5x = X, 3y = Y$ とすると、
(与式)
$= X^2 - Y^2 = (X+Y)(X-Y)$
$= (5x + 3y)(5x - 3y)$

A.　$(5x + 3y)(5x - 3y)$

テーマ16 式の計算②（因数分解④）

問

$x^2 + 11x + 28$ を因数分解せよ。

初動

$x^2 + 11x + 28$

$11x \to 4+7$　$28 \to 4\times7$　に気づく！

解法のポイント

公式
$$X^2+(A+B)X+AB=(X+A)(X+B)$$
に当てはめるだけ!!

解答

$$x^2+11x+28$$
$$=\underline{x^2+(4+7)x+4\times 7}$$
$$=(x+4)(x+7)$$

A. $(x+4)(x+7)$

テーマ17 式の計算②（因数分解⑤）

問

$6x^2 + 19x + 10$ を因数分解せよ。

初動

$$6x^2 + 19x + 10$$
$$= ACX^2 + (AD + BC)X + BD$$
$$= (AX + B)(CX + D)$$

の形になることに気づく！

解法のポイント

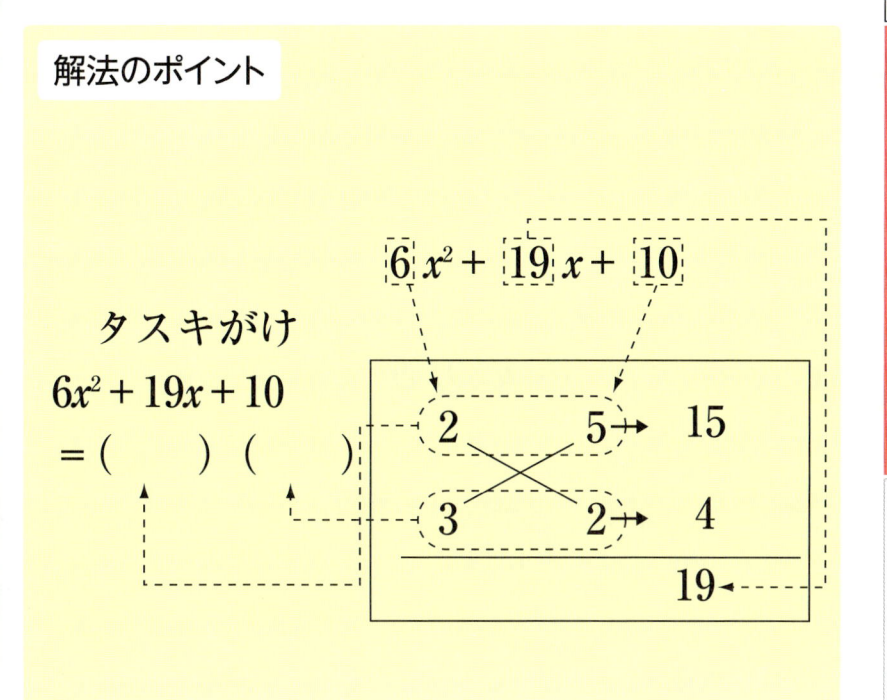

タスキがけ

$6x^2 + 19x + 10$
$= (\quad)(\quad)$

$\boxed{6}x^2 + \boxed{19}x + \boxed{10}$

```
  2      5  →  15
    ✕
  3      2  →   4
              ─────
                19
```

解答

$6x^2 + 19x + 10$
$= (2 \times 3)x^2 + (15 + 4)x + 5 \times 2$
$= (2x + 5)(3x + 2)$

A. $(2x + 5)(3x + 2)$

テーマ18 式の計算②（因数分解⑥）

問

$8x^3 + 27y^3$ を因数分解せよ。

初動

$\underline{8x^3}$ + $\underline{27y^3}$
　$2x \times 2x \times 2x$　$3y \times 3y \times 3y$　に気づく！

解法のポイント

$2x = X,\ 3y = Y$ と置き換えれば、$X^3 + Y^3$ の形になるので、
$X^3 + Y^3 = (X+Y)(X^2 - XY + Y^2)$
の公式に当てはめるだけ!!

解答

$8x^3 + 27y^3$
$= (2x)^3 + (3y)^3$
ここで $2x = X,\ 3y = Y$ とすると、
(与式)
$= X^3 + Y^3 = (X+Y)(X^2 - XY + Y^2)$
$= (2x+3y)(4x^2 - 6xy + 9y^2)$

A. $(2x+3y)(4x^2 - 6xy + 9y^2)$

テーマ19　式の計算②（因数分解⑦）

問

$125x^3 - 64y^3$ を因数分解せよ。

初動

$$\underline{125x^3} - \underline{64y^3}$$

$5x \times 5x \times 5x \quad 4y \times 4y \times 4y$ に気づく！

解法のポイント

$5x = X$, $4y = Y$ と置き換えれば、$X^3 - Y^3$ の形になるので、
$X^3 - Y^3 = (X - Y)(X^2 + XY + Y^2)$
の公式に当てはめるだけ!!

解答

$125x^3 - 64y^3$
$= (5x)^3 - (4y)^3$

ここで $5x = X$, $4y = Y$ とすると、

(与式)
$= X^3 - Y^3 = (X - Y)(X^2 + XY + Y^2)$
$= (5x - 4y)(25x^2 + 20xy + 16y^2)$

A.　$(5x - 4y)(25x^2 + 20xy + 16y^2)$

テーマ20 式の計算②（因数分解⑧）

問

$27x^3 + 108x^2y + 144xy^2 + 64y^3$ を因数分解せよ。

初動

$$\underline{27x^3} + 108x^2y + 144xy^2 + \underline{64y^3}$$

$3x \times 3x \times 3x \qquad\qquad 4y \times 4y \times 4y$

に気づく！

解法のポイント

$3x = X, 4y = Y$ と置き換えれば、$X^3+3X^2Y+3XY^2+Y^3$ の形になるので、$X^3+3X^2Y+3XY^2+Y^3 = (X+Y)^3$ の公式に当てはめるだけ!!

解答

$27x^3 + 108x^2y + 144xy^2 + 64y^3$
$= (3x)^3 + 3(3x)^2(4y) + 3(3x)(4y)^2 + (4y)^3$

ここで $3x = X, 4y = Y$ とすると、

(与式)
$= X^3 + 3X^2Y + 3XY^2 + Y^3 = (X+Y)^3$
$= (3x+4y)^3$

A. $(3x+4y)^3$

テーマ21 式の計算②（因数分解⑨）

問

$8x^3 - 60x^2y + 150xy^2 - 125y^3$ を因数分解せよ。

初動

$$8x^3 - 60x^2y + 150xy^2 - 125y^3$$

$8x^3 = 2x \times 2x \times 2x$

$125y^3 = 5y \times 5y \times 5y$

に気づく！

解法のポイント

$2x = X$, $5y = Y$ と置き換えれば、$X^3 - 3X^2Y + 3XY^2 - Y^3$ の形になるので、$X^3 - 3X^2Y + 3XY^2 - Y^3 = (X - Y)^3$ の公式に当てはめるだけ!!

解答

$$8x^3 - 60x^2y + 150xy^2 - 125y^3$$
$$= (2x)^3 - 3(2x)^2(5y) + 3(2x)(5y)^2 - (5y)^3$$

ここで $2x = X$, $5y = Y$ とすると、

(与式)
$$= X^3 - 3X^2Y + 3XY^2 - Y^3 = (X - Y)^3$$
$$= (2x - 5y)^3$$

A. $(2x - 5y)^3$

テーマ22 式の計算②（因数分解⑩）

問

$4x^2 + 9y^2 + 16z^2 + 12xy + 24yz + 16zx$ を因数分解せよ。

初動

$4x^2 + 9y^2 + 16z^2 + 12xy + 24yz + 16zx$

$2x \times 2x \quad 3y \times 3y \quad 4z \times 4z$

に気づく！

解法のポイント

$2x=X$, $3y=Y$, $4z=Z$ と置き換えれば、$X^2+Y^2+Z^2+2XY+2YZ+2ZX$ の形になるので、
$X^2+Y^2+Z^2+2XY+2YZ+2ZX=(X+Y+Z)^2$
の公式に当てはめるだけ!!

解答

$4x^2+9y^2+16z^2+12xy+24yz+16zx$
$=(2x)^2+(3y)^2+(4z)^2+2(2x)(3y)+2(3y)(4z)+2(4z)(2x)$

ここで $2x=X$, $3y=Y$, $4z=Z$ とすると、

(与式)
$=X^2+Y^2+Z^2+2XY+2YZ+2ZX=(X+Y+Z)^2$
$=(2x+3y+4z)^2$

A. $(2x+3y+4z)^2$

テーマ23　式の計算②（因数分解⑪）

問

$3x^2+21x+30$ を因数分解せよ。

初動

$3x^2+21x+30$
$=3(x^2+7x+10)$ に気づく！

解法のポイント

$(x^2+7x+10)$ を
公式
$X^2+(A+B)X+AB=(X+A)(X+B)$
に当てはめるだけ!!

解答

$3x^2+21x+30$
$=3(x^2+7x+10)$
$=3\{x^2+(2+5)x+2\times 5\}$
$=3(x+2)(x+5)$

A． $3(x+2)(x+5)$

テーマ24 式の計算②（因数分解⑫）

問

$x^2 - x - 6$ を因数分解せよ。

初動

$x^2 - x - 6$

$-1 \times x$

$2+(-3)$　　$2\times(-3)$　に気づく！

解法のポイント

$2=A$, $-3=B$ と置き換えれば、$X^2+(A+B)X+AB$ の形になるので、$X^2+(A+B)X+AB=(X+A)(X+B)$ の公式に当てはめるだけ!!

解答

x^2-x-6
$=x^2+\{2+(-3)\}x+2\times(-3)$
ここで $2=A$, $-3=B$ とすると、
(与式)
$=X^2+(A+B)X+AB=(X+A)(X+B)$
$=(x+2)\{x+(-3)\}=(x+2)(x-3)$

A. $(x+2)(x-3)$

テーマ25 実数の計算（分数→循環小数）

問

$\dfrac{22}{7}$ を循環小数（じゅんかんしょうすう）で表せ。

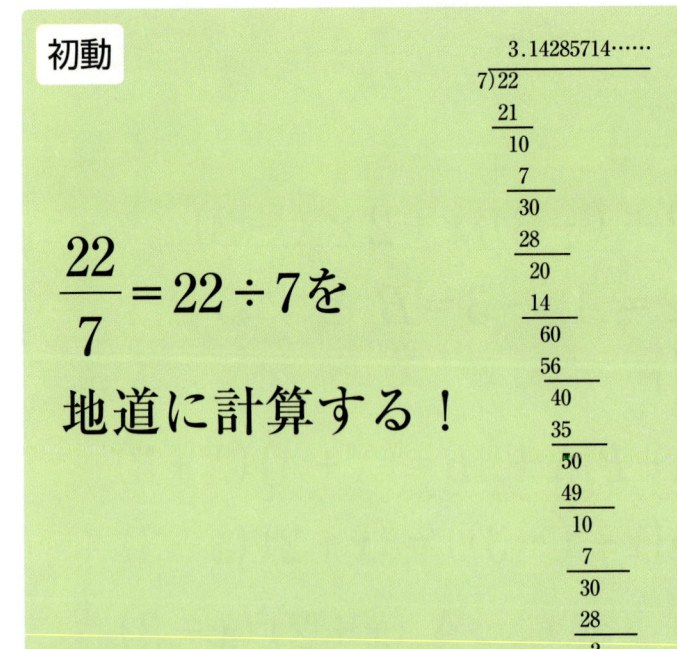

初動

$\dfrac{22}{7} = 22 \div 7$ を地道に計算する！

```
         3.14285714……
     ┌─────────────
  7 )  22
        21
        ──
        10
         7
        ──
        30
        28
        ──
        20
        14
        ──
        60
        56
        ──
        40
        35
        ──
        50
        49
        ──
        10
         7
        ──
        30
        28
        ──
         2
```

解法のポイント 1

「循環小数」とは、例えば
5.123123123123……
のように、小数点以下で同じ部分がくり返される小数のこと。

解法のポイント 2

循環小数の表し方は、くり返される数字の部分の最初と最後の数字の上に・を付ける。

解答

$$\frac{22}{7}$$
$$= 22 \div 7$$
$$= 3.14285714\cdots\cdots$$
$$= 3.\dot{1}4285\dot{7}$$

A. $3.\dot{1}4285\dot{7}$

テーマ26 実数の計算（循環小数→分数）

問

循環小数 $2.3\dot{7}\dot{5}$ を分数で表せ。

初動

くり返されている小数点以下が3ケタなので、
まず、「×1000」をする！
　$2.375375\cdots\cdots \times 1000$
$= 2375.375\cdots\cdots$

解法のポイント

小数点以下を引き算して消去する！！
$x = 2.\dot{3}7\dot{5}$とすると、

$$1000x = 2375.375375375\cdots$$
$$-)\quad x = \quad\quad 2.375375375\cdots$$
$$999x = 2373$$

解答

$x = 2.\dot{3}7\dot{5}$とすると、
$1000x - x$
$= (2375.375375375\cdots) - (2.375375375\cdots)$
$= 2373$
よって、$999x = 2373$より、

$$x = \frac{2373}{999} = \frac{791}{333}$$

$$A. \frac{791}{333}$$

テーマ27 実数の計算（数の大小関係）

問

$\sqrt{5}$と2.23は、どちらが大きいか？

初動

$(\sqrt{5})^2$と$(2.23)^2$を比較すればいいので、気合で$(2.23)^2$を計算する！

解法のポイント

$A>0$, $B>0$ のとき、
$A^2>B^2$ ならば、$A>B$!!

解答

$(\sqrt{5})^2=5$, $(2.23)^2=4.9729$ より、
$\sqrt{5}>2.23$

A. $\sqrt{5}$

テーマ28　実数の計算（平方根の計算①）

問

$2\sqrt{48} + 8\sqrt{75} - 5\sqrt{27}$ を計算せよ。

初動

$2\sqrt{48} + 8\sqrt{75} - 5\sqrt{27}$

$48 = 16 \times 3 \quad 75 = 25 \times 3 \quad 27 = 9 \times 3$

$16 = 4 \times 4 \quad 25 = 5 \times 5 \quad 9 = 3 \times 3$ に気づく！

解法のポイント

$a \geqq 0$ のとき、
$\sqrt{a^2 x} = \sqrt{a^2} \times \sqrt{x} = a\sqrt{x}$
の形にする!!

解答

$$2\sqrt{48} + 8\sqrt{75} - 5\sqrt{27}$$
$$= 2\sqrt{16 \times 3} + 8\sqrt{25 \times 3} - 5\sqrt{9 \times 3}$$
$$= 2\sqrt{4^2}\sqrt{3} + 8\sqrt{5^2}\sqrt{3} - 5\sqrt{3^2}\sqrt{3}$$
$$= 2 \times 4\sqrt{3} + 8 \times 5\sqrt{3} - 5 \times 3\sqrt{3}$$
$$= 8\sqrt{3} + 40\sqrt{3} - 15\sqrt{3}$$
$$= 33\sqrt{3}$$

$\underline{A. 33\sqrt{3}}$

テーマ29 実数の計算（平方根の計算②）

問

$(5-6\sqrt{2})(3+8\sqrt{2})$ を計算せよ。

初動

$\sqrt{2}=x$ として、
$(5-6x)(3+8x)$ の形で展開する！

解法のポイント

$(5-6x)(3+8x)$ を地道に展開した後に、

$$\sqrt{2} = x$$
$$2 = x^2$$

を代入する!!

解答

$\sqrt{2}=x$ とすると、

$(5-6\sqrt{2})(3+8\sqrt{2})$
$= (5-6x)(3+8x)$
$= 5\times 3+5\times 8x+(-6x)\times 3+(-6x)\times 8x$
$= 15+40x-18x-48x^2$
$= 15+22x-48x^2$
$= 15+22\sqrt{2}-48\times(\sqrt{2})^2$
$= 15+22\sqrt{2}-96$
$= -81+22\sqrt{2}$

A. $-81+22\sqrt{2}$

テーマ30 実数の計算（平方根の計算③）

問

$(\sqrt{11}+3)(\sqrt{11}-3)$ を計算せよ。

初動

式の展開公式
$(X+Y)(X-Y)$
の形になっていることに気づく！

解法のポイント

$\sqrt{11} = X, 3 = Y$ と置き換えれば、$(X+Y)(X-Y)$ の形になるので、
$(X+Y)(X-Y) = X^2 - Y^2$
の公式に当てはめるだけ！！

解答

$\sqrt{11} = X, 3 = Y$ とすると、
$(\sqrt{11} + 3)(\sqrt{11} - 3)$
$= \underline{(X+Y)(X-Y) = X^2 - Y^2}$
$= (\sqrt{11})^2 - 3^2$
$= 11 - 9$
$= 2$

A. 2

テーマ31 実数の計算（平方根の計算④）

問

$(4\sqrt{7} + 3\sqrt{5})^2$ を計算せよ。

初動

$4\sqrt{7} = X,\ 3\sqrt{5} = Y$ と置き換えると、$(X + Y)^2$ の形になることに気づく！

解法のポイント

$4\sqrt{7} = X, 3\sqrt{5} = Y$ と置き換えて、
$(X+Y)^2 = X^2 + 2XY + Y^2$
の公式に当てはめるだけ!!

解答

$4\sqrt{7} = X, 3\sqrt{5} = Y$ とすると、

$$\begin{aligned}
&(4\sqrt{7} + 3\sqrt{5})^2 \\
&= (X+Y)^2 = X^2 + 2XY + Y^2 \\
&= (4\sqrt{7})^2 + 2 \times (4\sqrt{7}) \times (3\sqrt{5}) + (3\sqrt{5})^2 \\
&= 112 + 24\sqrt{35} + 45 \\
&= 157 + 24\sqrt{35}
\end{aligned}$$

A.　$157 + 24\sqrt{35}$

テーマ32 実数の計算（平方根の計算⑤）

問

$(8\sqrt{2} - 5\sqrt{6})^2$ を計算せよ。

初動

$8\sqrt{2} = X, 5\sqrt{6} = Y$ と置き換えると、$(X - Y)^2$ の形になることに気づく！

解法のポイント1

$8\sqrt{2} = X, 5\sqrt{6} = Y$ と置き換えて、
$(X-Y)^2 = X^2 - 2XY + Y^2$
の公式に当てはめるだけ！！

解法のポイント2

$\sqrt{2} \times \sqrt{6} = \sqrt{2} \times \sqrt{2 \times 3} = \sqrt{2} \times \sqrt{2} \times \sqrt{3} = 2\sqrt{3}$
に注意する！！

解答

$8\sqrt{2} = X, 5\sqrt{6} = Y$ とすると、
$\quad (8\sqrt{2} - 5\sqrt{6})^2$
$= \underline{(X-Y)^2 = X^2 - 2XY + Y^2}$
$= (8\sqrt{2})^2 - 2 \times (8\sqrt{2})(5\sqrt{6}) + (5\sqrt{6})^2$
$= 128 - 80\sqrt{2}\sqrt{6} + 150$
$= 278 - 80 \times \sqrt{2^2} \times \sqrt{3}$
$= 278 - 80 \times 2 \times \sqrt{3}$
$= 278 - 160\sqrt{3}$

A. $278 - 160\sqrt{3}$

テーマ33　実数の計算（分母の有理化①）

問

$\dfrac{28}{\sqrt{6}}$ の分母を有理化せよ。

初動

分母と分子に$\sqrt{6}$をかけて、
$\dfrac{28\times\sqrt{6}}{\sqrt{6}\times\sqrt{6}}$ の形にする！

解法のポイント

「分母の有理化」とは、
分母の$\sqrt{}$をはずすこと！！

解答

$$\frac{28}{\sqrt{6}}$$

$$= \frac{28 \times \sqrt{6}}{\sqrt{6} \times \sqrt{6}}$$

$$= \frac{\overset{14}{\cancel{28}}\sqrt{6}}{\underset{3}{\cancel{6}}}$$

$$= \frac{14\sqrt{6}}{3}$$

A. $\dfrac{14\sqrt{6}}{3}$

テーマ34 実数の計算（分母の有理化②）

問

$\dfrac{\sqrt{5}}{\sqrt{5}+\sqrt{3}}$ の分母を有理化せよ。

初動

分母と分子に $\sqrt{5}-\sqrt{3}$ をかけて、

$\dfrac{\sqrt{5} \times (\sqrt{5}-\sqrt{3})}{(\sqrt{5}+\sqrt{3}) \times (\sqrt{5}-\sqrt{3})}$ の形にする！

解法のポイント

$\sqrt{5}=X, \sqrt{3}=Y$ と置き換えれば、分母は $X+Y$ となるので、分母と分子に $X-Y$ をかけると分母は公式 $(X+Y)(X-Y)=X^2-Y^2$ の形となり、有理化される！！

解答

$\sqrt{5}=X, \sqrt{3}=Y$ とすると、

$$\frac{\sqrt{5}}{\sqrt{5}+\sqrt{3}}$$

$$=\frac{X}{X+Y}=\frac{X(X-Y)}{(X+Y)(X-Y)}=\frac{X^2-XY}{X^2-Y^2}$$

$$=\frac{(\sqrt{5})^2-\sqrt{5}\times\sqrt{3}}{(\sqrt{5})^2-(\sqrt{3})^2}=\frac{5-\sqrt{15}}{5-3}$$

$$=\frac{5-\sqrt{15}}{2}$$

A. $\dfrac{5-\sqrt{15}}{2}$

テーマ35 実数の計算（分母の有理化③）

問

$\dfrac{\sqrt{5}+3\sqrt{2}}{\sqrt{5}-\sqrt{2}}$ の分母を有理化せよ。

初動

分母と分子に $\sqrt{5}+\sqrt{2}$ をかけて、

$\dfrac{(\sqrt{5}+3\sqrt{2})(\sqrt{5}+\sqrt{2})}{(\sqrt{5}-\sqrt{2})(\sqrt{5}+\sqrt{2})}$ の形にする！

解法のポイント

$\sqrt{5} = X, \sqrt{2} = Y$ と置き換えれば、分母は $X - Y$ となるので、分母と分子に $X + Y$ をかけると分母は公式 $(X-Y)(X+Y) = X^2 - Y^2$ の形となり、有理化される！！

解答

$\sqrt{5} = X, \sqrt{2} = Y$ とすると、

$$\frac{\sqrt{5} + 3\sqrt{2}}{\sqrt{5} - \sqrt{2}}$$

$$= \frac{X + 3Y}{X - Y} = \frac{(X + 3Y)(X + Y)}{(X - Y)(X + Y)} = \frac{X^2 + 4XY + 3Y^2}{X^2 - Y^2}$$

$$= \frac{(\sqrt{5})^2 + 4 \times \sqrt{5} \times \sqrt{2} + 3 \times (\sqrt{2})^2}{(\sqrt{5})^2 - (\sqrt{2})^2} = \frac{5 + 4\sqrt{10} + 6}{5 - 2}$$

$$= \frac{11 + 4\sqrt{10}}{3}$$

A. $\dfrac{11 + 4\sqrt{10}}{3}$

テーマ36 実数の計算（分母の有理化④）

問

$$\frac{\sqrt{5}+\sqrt{2}}{\sqrt{5}-\sqrt{2}} + \frac{\sqrt{5}-\sqrt{2}}{\sqrt{5}+\sqrt{2}}$$

を計算して簡単にせよ。

初動

$\dfrac{\sqrt{5}+\sqrt{2}}{\sqrt{5}-\sqrt{2}}$ には $\dfrac{\sqrt{5}+\sqrt{2}}{\sqrt{5}+\sqrt{2}}$ 、

$\dfrac{\sqrt{5}-\sqrt{2}}{\sqrt{5}+\sqrt{2}}$ には $\dfrac{\sqrt{5}-\sqrt{2}}{\sqrt{5}-\sqrt{2}}$ をそれぞれかけて、

$$\frac{(\sqrt{5}+\sqrt{2})^2}{(\sqrt{5}-\sqrt{2}) \times (\sqrt{5}+\sqrt{2})} + \frac{(\sqrt{5}-\sqrt{2})^2}{(\sqrt{5}+\sqrt{2}) \times (\sqrt{5}-\sqrt{2})}$$

の形にする！

解法のポイント

√ を含む分数のたし算とひき算は、分母を有理化してから計算する！！

解答

$$\frac{\sqrt{5}+\sqrt{2}}{\sqrt{5}-\sqrt{2}}+\frac{\sqrt{5}-\sqrt{2}}{\sqrt{5}+\sqrt{2}}$$

$$=\frac{(\sqrt{5}+\sqrt{2})^2}{(\sqrt{5}-\sqrt{2})(\sqrt{5}+\sqrt{2})}+\frac{(\sqrt{5}-\sqrt{2})^2}{(\sqrt{5}+\sqrt{2})(\sqrt{5}-\sqrt{2})}$$

$$=\frac{5+2\times\sqrt{5}\times\sqrt{2}+2}{5-2}+\frac{5-2\times\sqrt{5}\times\sqrt{2}+2}{5-2}$$

$$=\frac{7+2\sqrt{10}}{3}+\frac{7-2\sqrt{10}}{3}=\frac{7+2\sqrt{10}+7-2\sqrt{10}}{3}$$

$$=\frac{14}{3}$$

A. $\dfrac{14}{3}$

テーマ37　1次不等式（1次不等式①）

問

$7x - 3 \geqq 2x + 12$ を解け。

初動

左辺をxだけ、右辺を数字だけの形にする！

解法のポイント

$$7x - 3 \geqq 2x + 12$$
$$\downarrow$$
$$7x - 2x \geqq 12 + 3$$
にするだけ！！

解答

$7x - 3 \geqq 2x + 12$
$7x - 2x \geqq 12 + 3$
$5x \geqq 15$
$x \geqq 3$

$\underline{\text{A. } x \geqq 3}$

テーマ38　1次不等式（1次不等式②）

問

$7x+5 > 12x+20$ を解け。

初動

左辺をxだけ、右辺を数字だけの形にする！

解法のポイント

不等式 $ax>0$ や $ax<0$ の両辺を a で割るとき、
ax の $a>0$ ならば、不等号の向きはそのまま!!
　　　$a<0$ ならば、不等号の向きは逆になる!!
（例）$-x<0$ → $x>0$

解答

$7x+5>12x+20$
$7x-12x>20-5$
$-5x>15$
$x<-3$

A. $x<-3$

テーマ39 1次不等式（1次不等式③）

問

$$-\frac{4}{3}(x+6) < \frac{1}{4}x - \frac{5}{3}$$ を解け。

初動

左辺、右辺に－12をかけて分数をなくす！

解法のポイント

$-12<0$なので、不等号の向きを逆にする！！

解答

$$-\frac{4}{3}(x+6) < \frac{1}{4}x - \frac{5}{3}$$

$$-\frac{4}{3}(x+6) \times (-12) > \left(\frac{1}{4}x - \frac{5}{3}\right) \times (-12)$$

$16(x+6) > -3x + 20$
$16x + 96 > -3x + 20$
$16x + 3x > 20 - 96$
$19x > -76$
$x > -4$

A. $x > -4$

テーマ40 1次不等式（1次不等式④）

問

$$0.8x - 0.7 \leqq 0.2x - 6.1 \text{ を解け。}$$

初動

両辺に10をかけて
小数をなくしてから計算する！

解法のポイント

$$0.8x - 0.7 \leqq 0.2x - 6.1$$
$$\downarrow$$
$$8x - 7 \leqq 2x - 61$$

として整数にすると、わかりやすい！！

解答

$0.8x - 0.7 \leqq 0.2x - 6.1$

$(0.8x - 0.7) \times 10 \leqq (0.2x - 6.1) \times 10$

$8x - 7 \leqq 2x - 61$

$8x - 2x \leqq -61 + 7$

$6x \leqq -54$

$x \leqq -9$

$\underline{\text{A. } x \leqq -9}$

テーマ41　1次不等式（連立1次不等式①）

問

2つの不等式
$$\begin{cases} 2x+7 \geqq 4x-3 \\ 3x+5 > -2x \end{cases}$$
を同時に満たす x の範囲を示せ。

初動

x についてそれぞれ解いて、
数直線で表す！

解法のポイント

数直線上の黒丸●は、その数を含む！
→ $\geqq, \leqq$
（例）

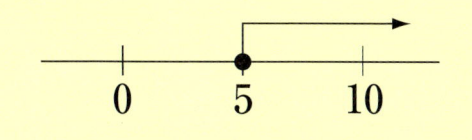

$x \geqq 5$

数直線上の白丸○は、その数を含まない！
→ $>, <$
（例）

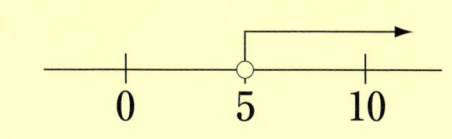

$x > 5$

解答

$2x + 7 \geqq 4x - 3$
$2x - 4x \geqq -3 - 7$
$-2x \geqq -10$
$x \leqq 5 \cdots\cdots ①$

$3x + 5 > -2x$
$3x + 2x > -5$
$5x > -5$
$x > -1 \cdots\cdots ②$

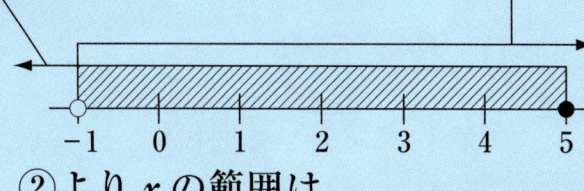

①, ②より x の範囲は、
$-1 < x \leqq 5$ となる。

A. $-1 < x \leqq 5$

テーマ42　1次不等式（連立1次不等式②）

問

$$-\frac{1}{4}x+\frac{1}{2} > 2x+5 > 0.2x-5.8 \text{ を解け。}$$

初動

2つの不等式
$$\begin{cases} -\dfrac{1}{4}x+\dfrac{1}{2} > 2x+5 \\ 2x+5 > 0.2x-5.8 \end{cases}$$
に分けて、x について解く！

解法のポイント

$-\dfrac{1}{4}x+\dfrac{1}{2}>2x+5$ は、両辺に4をかけて、
$2x+5>0.2x-5.8$ は、両辺に10をかけて、
整数にして計算する！！

解答

$-\dfrac{1}{4}x+\dfrac{1}{2}>2x+5$
$\left(-\dfrac{1}{4}x+\dfrac{1}{2}\right)\times 4>(2x+5)\times 4$
$-x+2>8x+20$
$-x-8x>20-2$
$-9x>18$
$x<-2$ ……①

$2x+5>0.2x-5.8$
$(2x+5)\times 10>(0.2x-5.8)\times 10$
$20x+50>2x-58$
$20x-2x>-58-50$
$18x>-108$
$x>-6$ ……②

①,②より
$-6<x<-2$ となる。

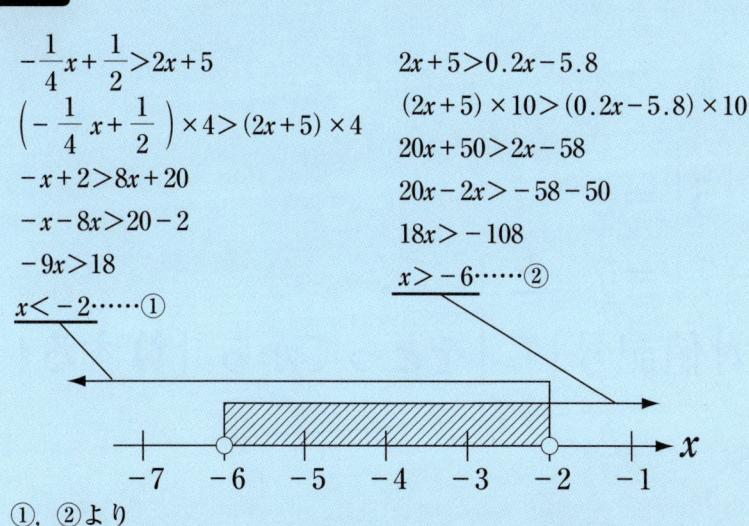

A. $-6<x<-2$

テーマ43　1次不等式（絶対値①）

問

$|5| + |-7|$ を計算せよ。

初動

$|5| = 5$
$|-7| = 7$　として、
絶対値記号$|\quad|$をとってから計算する！

解法のポイント

絶対値とは、
数直線上で原点O（オー）からの距離のこと。
なので、必ず $|x| \geq 0$ となる！！

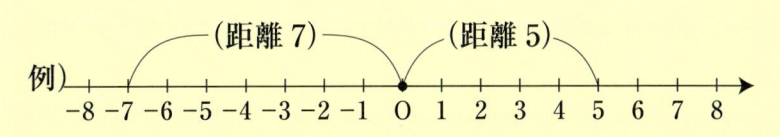

例）

（距離7）　（距離5）

-8 -7 -6 -5 -4 -3 -2 -1　O　1　2　3　4　5　6　7　8

絶対値記号のはずし方は、
① $x \geq 0$ のときは、$|x| = x$
② $x < 0$ のときは、$|x| = -x$

解答

$$|5| + |-7|$$
$$= 5 + 7$$
$$= 12$$

A. 12

テーマ44　1次不等式（絶対値②）

問

$|x+3|=7$ を解け。

初動

$|x+3|$ の｜　｜は絶対値記号なので、
$x+3=7$，$x+3=-7$ と、
式を2つに分ける！

解法のポイント

絶対値記号をはずすと、±がつく！！

（例）$|x|=5$

↓

$x=\pm 5$ （$x=+5$ と $x=-5$）

解答

$|x+3|=7$

$x+3=\pm 7$

$\begin{cases} x=7-3=4 \\ x=-7-3=-10 \end{cases}$

よって、$x=4, -10$

A. $x=4, -10$

テーマ45　1次不等式（絶対値③）

問

$|x|+3|x-3|=x+6$ を満たす x の値を求めよ。

初動

$\begin{cases} x<0 \text{ のとき、} \\ 0 \leqq x < 3 \text{ のとき、} \\ x \geqq 3 \text{ のとき で、} \end{cases}$
分けて計算する！

解法のポイント

① $x<0$ のとき、

$|x|=-x$, $|x-3|=-x+3$ となり、

② $0\leqq x<3$ のとき、

$|x|=x$, $|x-3|=-x+3$ となり、

③ $|x|\geqq 3$ のとき、

$|x|=x$, $|x-3|=x-3$ となる!!

解答

$|x|+3|x-3|=x+6$

① $x<0$ のとき、
$-x+3(-x+3)=x+6$
$-x-3x+9=x+6$
$-x-3x-x=6-9$
$-5x=-3$
$x=\dfrac{3}{5}$
これは、
$x<0$ に矛盾するので、解には不適当。

② $0\leqq x<3$ のとき、
$x+3(-x+3)=x+6$
$x-3x+9=x+6$
$x-3x-x=6-9$
$-3x=-3$
$x=1$
これは、
$0\leqq x<3$ に適するので、解となる。

③ $x\geqq 3$ のとき、
$x+3(x-3)=x+6$
$x+3x-9=x+6$
$x+3x-x=6+9$
$3x=15$
$x=5$
これは、
$x\geqq 3$ に適するので、解となる。

よって、$x=1$, 5

A. $x=1$, 5

テーマ46　1次不等式（絶対値④）

問

$|x+4|<11$ を解け。

初動

$x+4$ の絶対値が11より小さいので、
$-11<x+4<11$
⇩
この不等式を解くだけ！

解法のポイント

$A>0$ のとき、
$|x|<A$ の絶対値をはずすと、
$$-A<x<A$$
となる！！

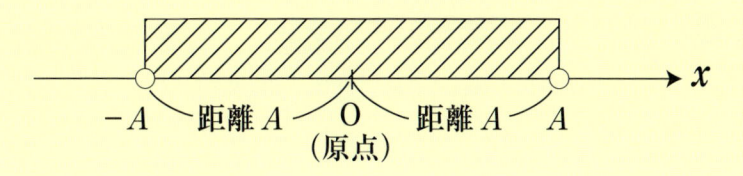

解答

$|x+4|<11$ より、
$$-11<x+4<11$$

$-11<x+4$ $x+4<11$
$x>-15$ …① $x<7$ …②

①、②より
$$-15<x<7$$

A. $\underline{-15<x<7}$

テーマ47　1次不等式（絶対値⑤）

問

$|x-8|>9$ を解け。

初動

$x-8$ の絶対値が9より大きいので、
$$\begin{cases} x-8>9 \\ x-8<-9 \end{cases}$$
⇩
この連立不等式を解くだけ！

解法のポイント

$A>0$ のとき、
$|x|>A$ の絶対値をはずすと、
$$x<-A,\ A<x$$
となる！！

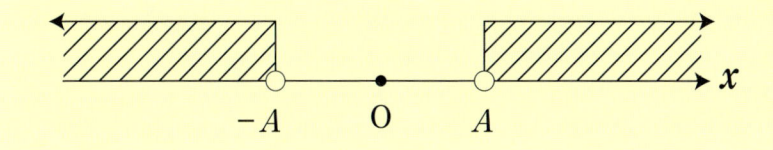

解答

$|x-8|>9$ より、

$x-8<-9$ 　　　　　$x-8>9$
$x<-1$ …① 　　　$x>17$ …②

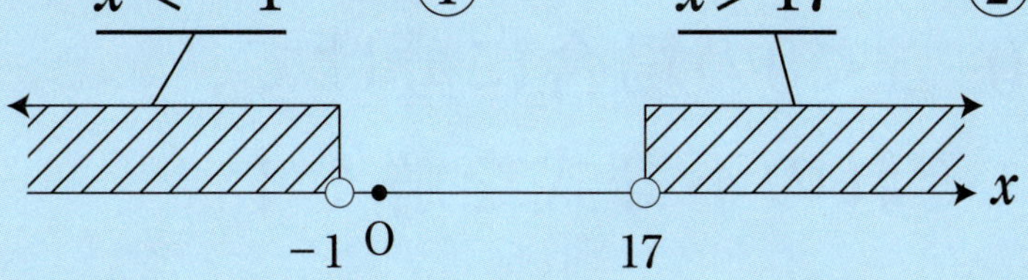

①、②より
$$x<-1,\ 17<x$$

A. $x<-1,\ 17<x$

テーマ48　1次不等式（絶対値⑥）

問

$|x|+3>3x+5$ を解け。

初動

$x≧0$，$x<0$の場合に分けて、それぞれの不等式を解く！

解法のポイント

$$\begin{cases} x \geqq 0 \text{のとき、} |x| = x \\ x < 0 \text{のとき、} |x| = -x \end{cases}$$
として計算する！！

解答

$|x| + 3 > 3x + 5$

$x \geqq 0$ のとき、
$x + 3 > 3x + 5$
$x - 3x > 5 - 3$
$-2x > 2$
$x < -1$
これは、$x \geqq 0$ に矛盾するので、解には不適当。

$x < 0$ のとき、
$-x + 3 > 3x + 5$
$-x - 3x > 5 - 3$
$-4x > 2$
$x < -\dfrac{1}{2}$
これは、$x < 0$ に適するので、解となる。

よって、$x < -\dfrac{1}{2}$

A. $\underline{x < -\dfrac{1}{2}}$

テーマ49　2次方程式（因数分解の利用①）

問

$x^2 - 12x + 36 = 0$ を解け。

初動

$x^2 - \underline{12x} + \underline{36}$

2×6　6×6　に気づく！

解法のポイント

公式
$$X^2 - 2XY + Y^2 = (X-Y)^2$$
に当てはめるだけ！！

解答

$x^2 - 12x + 36 = 0$
$x^2 - 2(6x) + 6^2 = 0$
$(x-6)^2 = 0$
$x = 6$

A. $x=6$

テーマ50 2次方程式（因数分解の利用②）

問

$20x^2 + 7x - 3 = 0$ を解け。

初動

$20x^2 + 7x - 3$

$4 \times 5 \quad -5 + 12 \quad -1 \times 3$

タスキがけして、因数分解できることに気づく！

解法のポイント

公式
$ACX^2 + (AD+BC)X + BD = (AX+B)(CX+D)$
に当てはめる!!

タスキがけ

```
 4   -1  → -5
  ╳
 5    3  →  12
           ───
            7
```

解答

$20x^2 + 7x - 3 = 0$
$(4x-1)(5x+3) = 0$

$4x - 1 = 0 \qquad 5x + 3 = 0$
$4x = 1 \qquad\quad 5x = -3$
$x = \dfrac{1}{4} \qquad\quad x = -\dfrac{3}{5}$

A. $x = -\dfrac{3}{5}, \dfrac{1}{4}$

テーマ51 2次方程式（平方根の利用）

問

$(x+7)^2 - 8 = 0$ を解け。

初動

$(x+7)^2 - 8 = 0$
$\Downarrow$
$(x+7)^2 = 8$ として、
$x+7 = \pm\sqrt{8}$ の形にする！

解法のポイント

$A^2 = B \ (B \geq 0)$ のとき、
$\underline{A = \pm\sqrt{B}}$
　　※±がつくことに注意！

解答

$(x+7)^2 - 8 = 0$
$(x+7)^2 = 8$
$x+7 = \pm\sqrt{8}$
$x+7 = \pm\sqrt{2 \times 2 \times 2}$
$x+7 = \pm 2\sqrt{2}$
$\quad\quad x = -7 \pm 2\sqrt{2}$

$\underline{\text{A.}\quad x = -7 \pm 2\sqrt{2}}$

テーマ52　2次方程式（因数分解・平方根の利用）

問

$x^2 - 6x - 18 = 0$ を解け。

初動

$\underline{\underline{x^2 - 6x} + 9} - 9 - 18 = 0$ の形にする！

↓

$\underline{(x-3)^2}$

解法のポイント

$(x-3)^2 - 9 - 18 = 0$
↓
$(x-3)^2 = 27$
として、
$x - 3 = \pm\sqrt{27}$
とする！！

解答

$x^2 - 6x - 18 = 0$
$x^2 - 6x + 9 - 9 - 18 = 0$
$(x-3)^2 - 9 - 18 = 0$
$(x-3)^2 = 27$
よって、
$x - 3 = \pm\sqrt{27}$
$x - 3 = \pm 3\sqrt{3}$
$x = 3 \pm 3\sqrt{3}$

A. $x = 3 \pm 3\sqrt{3}$

テーマ53　2次方程式（解の公式の利用①）

問

$3x^2 - 5x + 2 = 0$ を解け。

初動

$3 = a, -5 = b, 2 = c$ に置き換えて、
$ax^2 + bx + c = 0$ として、
2次方程式の解の公式を用いる！

解法のポイント

$$\boxed{2 次方程式の解の公式}$$

$$x = \frac{-b \pm \sqrt{b^2 - 4ac}}{2a}$$

に当てはめるだけ！！

解答 $3 = a, -5 = b, 2 = c$ とすると、解の公式より

$$
\begin{aligned}
x &= \frac{-b \pm \sqrt{b^2 - 4ac}}{2a} \\
&= \frac{-(-5) \pm \sqrt{(-5)^2 - 4 \times 3 \times 2}}{2 \times 3} \\
&= \frac{5 \pm \sqrt{25 - 24}}{6} = \frac{5 \pm \sqrt{1}}{6} = \frac{5 \pm 1}{6} \\
&= \frac{6}{6}, \frac{4}{6} \\
&= 1, \frac{2}{3}
\end{aligned}
$$

A. $x = 1, \dfrac{2}{3}$

テーマ54　2次方程式（解の公式の利用②）

問

$8x^2 - 6x + 1 = 0$ を解け。

初動

$8x^2 - 6x + 1 = 0$ において、x の係数 -6 が偶数なので、

$$\boxed{x = \frac{-b' \pm \sqrt{b'^2 - ac}}{a}}$$

の公式に当てはめる！

解法のポイント

$ax^2 + bx + c = 0$ が、
$ax^2 + 2b'x + c = 0$ となるとき（b が偶数）、
解の公式は、

$$x = \frac{-b' \pm \sqrt{b'^2 - ac}}{a}$$

となる！！

解答

$8 = a, -3 = b', 1 = c$ とすると、解の公式より

$$\begin{aligned}
x &= \frac{-b' \pm \sqrt{b'^2 - ac}}{a} \\
&= \frac{-(-3) \pm \sqrt{(-3)^2 - 8 \times 1}}{8} \\
&= \frac{3 \pm \sqrt{9 - 8}}{8} \\
&= \frac{3 \pm 1}{8} \\
&= \frac{4}{8}, \frac{2}{8} \\
&= \frac{1}{2}, \frac{1}{4}
\end{aligned}$$

A. $x = \dfrac{1}{2}, \dfrac{1}{4}$

テーマ55 2次方程式（実数解のない2次方程式）

問

$-3x^2 + x - 2 = 0$ を解け。

初動

両辺に -1 をかけて、
x^2 の係数を正にしてから計算する！

$$\begin{array}{l} -3x^2 + x - 2 = 0 \\ 3x^2 - x + 2 = 0 \end{array}$$

解法のポイント

> **２次方程式に実数解がない場合**
>
> $ax^2 + bx + c = 0$ のとき、
> $$x = \frac{-b \pm \sqrt{b^2 - 4ac}}{2a}$$
> で求めるが、
> $\sqrt{}$ の中が負（$b^2 - 4ac < 0$）のとき、
> 実数解は存在しない！！

※$\sqrt{}$ の中が負の数は、
数学Ⅱの「複素数」で扱う！！

解答

$-3x^2 + x - 2 = 0$ の両辺に -1 をかけて、
$3x^2 - x + 2 = 0$
ここで、解の公式より、
$$x = \frac{-(-1) \pm \sqrt{(-1)^2 - 4 \times 3 \times 2}}{2 \times 3}$$
$$= \frac{1 \pm \sqrt{1 - 24}}{6}$$
$\sqrt{}$ の中が $1 - 24 = -23 < 0$ となるので、
この２次方程式に実数解は存在しない。
よって、解なし

A. 解なし

テーマ56 2次方程式（整理が必要な2次方程式）

問

$2(x-3)^2 - 14 = 5x - 2x(4-3x)$
を解け。

初動

両辺を展開してから、
移項して＝0の形に整理する！

解法のポイント

両辺を展開すると、

(左辺) $= 2(x-3)^2 - 14$
$= 2(x^2 - 6x + 9) - 14$
$= 2x^2 - 12x + 18 - 14$

(右辺) $= 5x - 2x(4 - 3x)$
$= 5x - 8x + 6x^2$
$= -3x + 6x^2$

→ 同じ次数($2x^2$ と $6x^2$, $-12x$ と $-3x$)のものをまとめて整理する!!

解答

$2(x-3)^2 - 14 = 5x - 2x(4 - 3x)$
両辺を展開すると、
$2(x^2 - 6x + 9) - 14 = 5x - 8x + 6x^2$
$2x^2 - 12x + 18 - 14 = -3x + 6x^2$
よって、
$4x^2 + 9x - 4 = 0$
解の公式より、
$x = \dfrac{-9 \pm \sqrt{9^2 - 4 \times 4 \times (-4)}}{2 \times 4} = \dfrac{-9 \pm \sqrt{81 + 64}}{8}$
$= \dfrac{-9 \pm \sqrt{145}}{8}$

A. $\dfrac{-9 \pm \sqrt{145}}{8}$

テーマ57 2次方程式（解から係数を求める）

問

$x^2 - bx - 2b^2 = 0$
の解の1つが-3のとき、
bを求めよ。

初動

xに-3をいきなり代入して計算する！

解法のポイント

x に -3 を代入すると、

$(-3)^2 - b \cdot (-3) - 2b^2 = 0$

となるので、b についての 2 次方程式となる。
あとは、これを解くだけ！

解答

$x^2 - bx - 2b^2 = 0$
$x = -3$ を代入すると、
$(-3)^2 - b \cdot (-3) - 2b^2 = 0$
$9 + 3b - 2b^2 = 0$
$2b^2 - 3b - 9 = 0$
ここでタスキがけをして、

$$\begin{array}{ccc} 2 & \diagdown & 3 \quad \to \quad 3 \\ 1 & \diagup & -3 \quad \to \quad -6 \\ \hline & & -3 \end{array}$$

より、

$2b^2 - 3b - 9 = 0$
$(2b + 3)(b - 3) = 0$
$b = -\dfrac{3}{2},\ 3$

A. $b = -\dfrac{3}{2},\ 3$

テーマ58　2次方程式（実数解の個数①）

問

$2x^2 + mx + 1 = 0$ が、
異なる2つの実数解をもつとき、
m の範囲を求めよ。

初動

異なる2つの実数解をもつ
⇩
$2 = a, m = b, 1 = c$ と置き換えて、
判別式 $D = b^2 - 4ac > 0$
に当てはめて解くだけ！

解法のポイント

(2次方程式の判別式)

2次方程式 $ax^2+bx+c=0$ について、
$D=b^2-4ac$ を判別式とよび、
次のことがいえる。

①異なる2つの実数解をもつ $\iff D>0$
②ただ1つの実数解をもつ $\iff D=0$
③実数解をもたない $\iff D<0$

※ D は、「2次方程式の解の公式」の
　$\sqrt{}$ の中の式！！

解答

$2x^2+mx+1=0$ が、
異なる2つの実数解をもつとき、
判別式 D は、$D>0$
よって、
$D=m^2-4\times 2\times 1$
　$=m^2-8$ より、
$m^2-8>0$
$m^2>8$
m について解くと、
$m<-\sqrt{8},\ \sqrt{8}<m$
つまり、
$m<-2\sqrt{2},\ 2\sqrt{2}<m$

$\underline{\text{A. }\ m<-2\sqrt{2},\ 2\sqrt{2}<m}$

テーマ59　2次方程式（実数解の個数②）

問

$3x^2 - mx + 2 = 0$ が、
ただ1つの実数解をもつとき、
m の値を求めよ。

初動

ただ1つの実数解をもつ
$\Downarrow$
$3 = a, -m = b, 2 = c$ と置き換えて、
判別式 $D = b^2 - 4ac = 0$
に当てはめて解くだけ！

解法のポイント

$$\boxed{\text{ただ1つの実数解をもつ} \iff D=0}$$

すなわち、
$b^2 - 4ac = 0$
→ $(-m)^2 - 4 \times 3 \times 2 = 0$

解答

$3x^2 - mx + 2 = 0$ が、
ただ1つの実数解をもつとき、
判別式 D は、$D = 0$
よって、
$\begin{aligned} D &= (-m)^2 - 4 \times 3 \times 2 \\ &= m^2 - 24 = 0 \quad \text{より、} \end{aligned}$
$m^2 = 24$
$\begin{aligned} m &= \pm\sqrt{24} \\ &= \pm 2\sqrt{6} \end{aligned}$

A.　$\underline{\pm 2\sqrt{6}}$

テーマ60　2次方程式（実数解の個数③）

問

$4x^2 + mx + 5 = 0$ が、
実数解をもたないとき、
m の範囲を求めよ。

初動

実数解をもたない
$\Downarrow$
$4 = a, m = b, 5 = c$ と置き換えて、
判別式 $D = b^2 - 4ac < 0$
に当てはめて解くだけ！

解法のポイント

$$\boxed{\text{実数解をもたない} \iff D<0}$$

すなわち、
$b^2 - 4ac < 0$
$\to m^2 - 4 \times 4 \times 5 < 0$

解答

$4x^2 + mx + 5 = 0$ が、
実数解をもたないとき、
判別式 D は、$D<0$
よって、
$D = m^2 - 4 \times 4 \times 5$
　$= m^2 - 80$　より、
$m^2 - 80 < 0$
$m^2 < 80$
m について解くと、
　$-\sqrt{80} < m < \sqrt{80}$
つまり、
　$-4\sqrt{5} < m < 4\sqrt{5}$

A.　$-4\sqrt{5} < m < 4\sqrt{5}$

1分経過 チェックシート

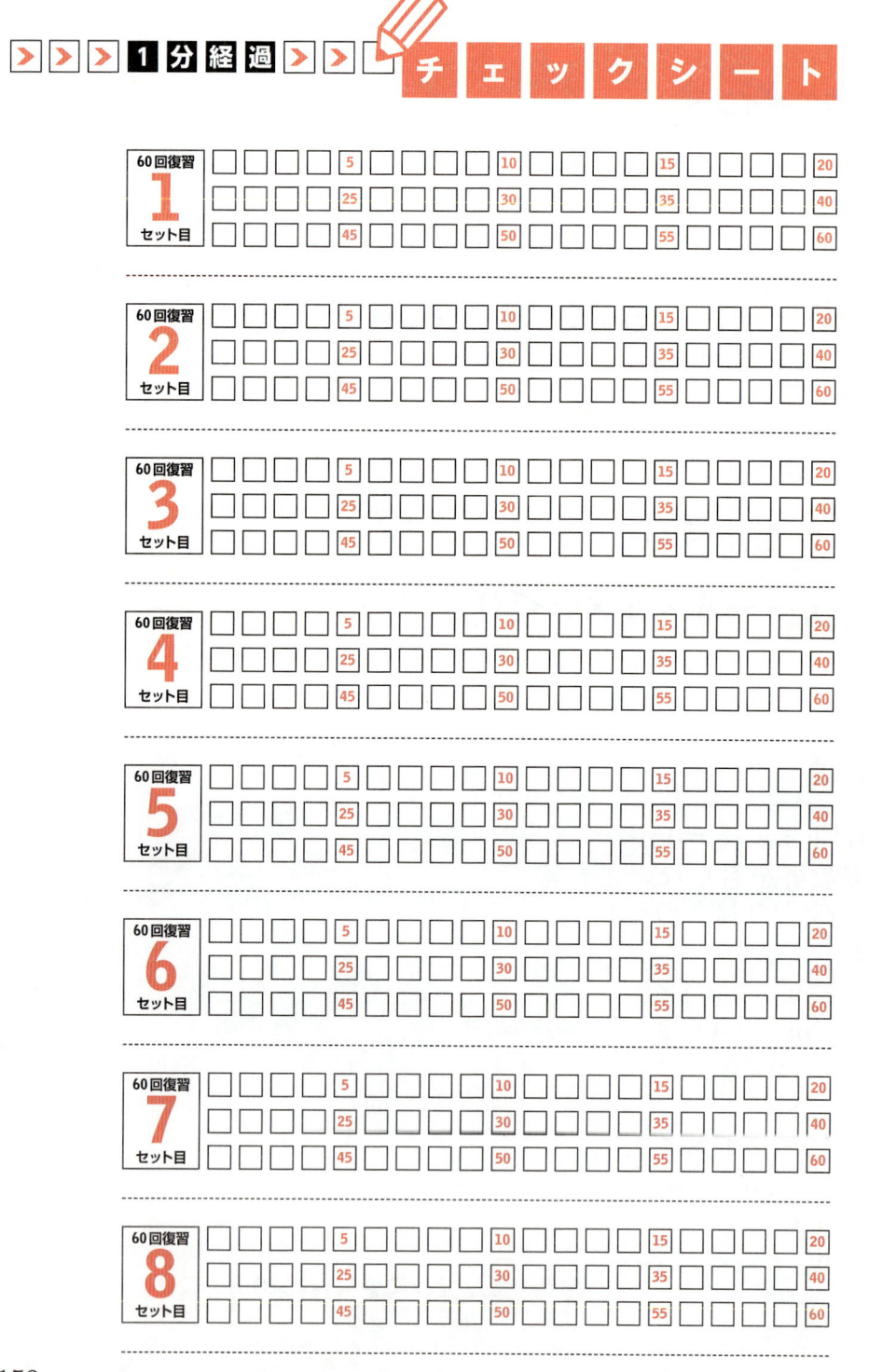

60回復習 1セット目
5 10 15 20 25 30 35 40 45 50 55 60

60回復習 2セット目
5 10 15 20 25 30 35 40 45 50 55 60

60回復習 3セット目
5 10 15 20 25 30 35 40 45 50 55 60

60回復習 4セット目
5 10 15 20 25 30 35 40 45 50 55 60

60回復習 5セット目
5 10 15 20 25 30 35 40 45 50 55 60

60回復習 6セット目
5 10 15 20 25 30 35 40 45 50 55 60

60回復習 7セット目
5 10 15 20 25 30 35 40 45 50 55 60

60回復習 8セット目
5 10 15 20 25 30 35 40 45 50 55 60

数学 I
②

One Minute Tips to Master Mathematics I & A 180

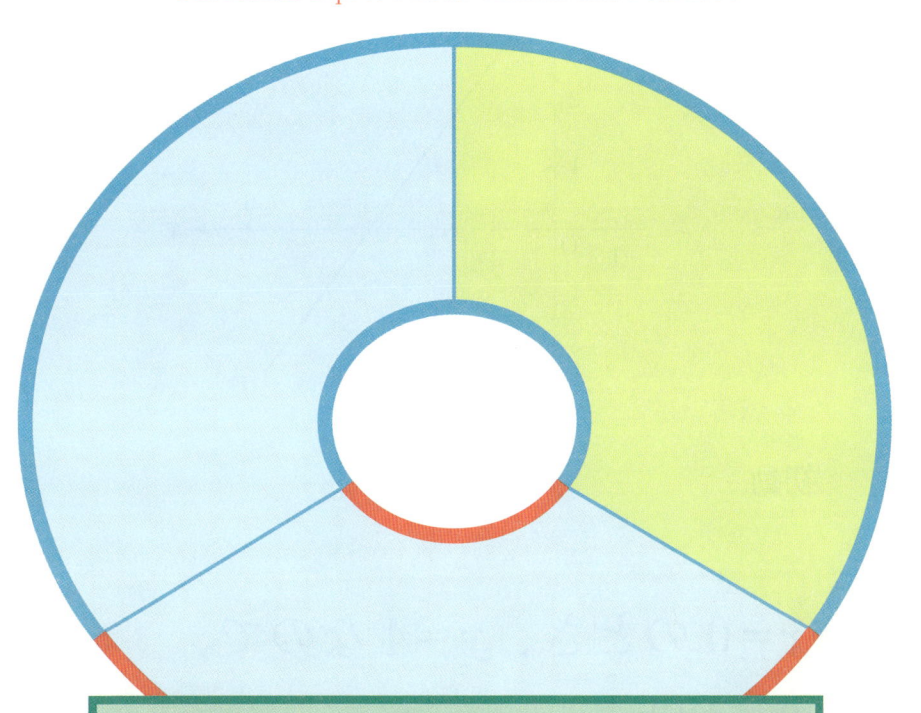

関数とグラフ①
関数とグラフ②
2次不等式
三角比・図形①
三角比・図形②

テーマ61 関数とグラフ①(1次関数①)

問

次の直線の方程式を求めよ。

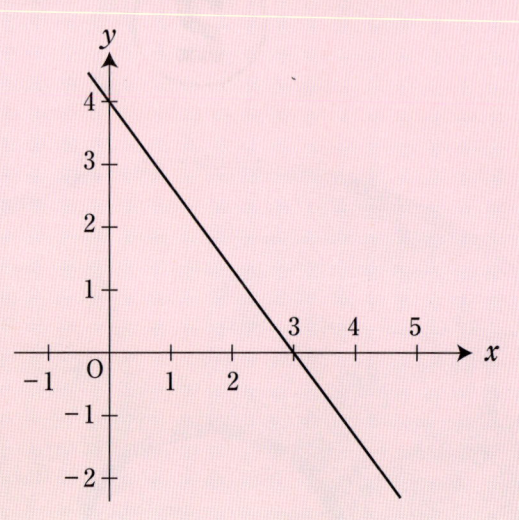

初動

$x=0$ のとき、$y=4$ なので、
$y=ax+4$
a は、3進んで4下がっているので、
傾きは $-\dfrac{4}{3}$!

解法のポイント

直線の方程式は、$y = ax + b$ で表すことができる。

$\begin{cases} a\text{は、直線の傾き。すなわち } a = \dfrac{y\text{の増分}}{x\text{の増分}} \\ b\text{は、}x = 0 \text{のときの}y\text{の値} \end{cases}$

※ $x = 0$ のときの y の値を「y切片(せっぺん)」ともいう!!

解答

傾きを a とすると、
$$a = \frac{-4}{3} = -\frac{4}{3}$$
また、グラフは $x = 0$ のとき、$y = 4$ を通る。
よって、$y = -\dfrac{4}{3}x + 4$

A. $\underline{y = -\dfrac{4}{3}x + 4}$

テーマ62　関数とグラフ①（1次関数②）

問

1次関数 $y=2x-3$ の定義域が $1 \leqq x < 3$ であるとき、値域を求めよ。

初動

迷わず、実際にグラフをかいてみる！

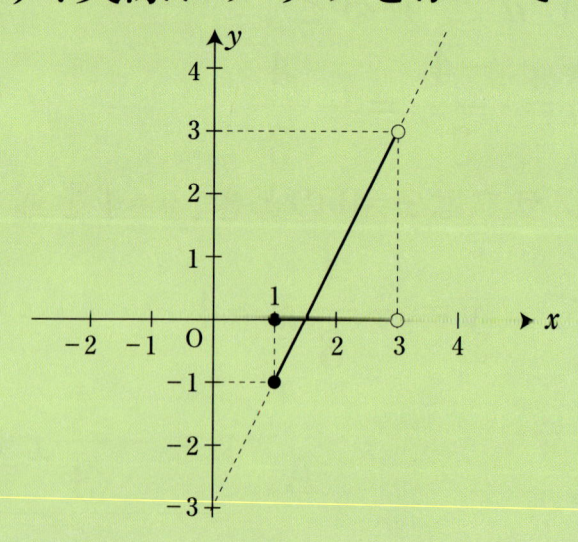

解法のポイント

「x の範囲」のことを「定義域」、
「y の範囲」のことを「値域」という！！

解答

$x=1$ のとき、$y=2\times1-3=-1$
$x=3$ のとき、$y=2\times3-3=3$
よって値域は、$-1\leqq y<3$

A. $-1\leqq y<3$

テーマ63 関数とグラフ①（2次関数のグラフ）

問

次の放物線(ほうぶつせん)の方程式を示せ。

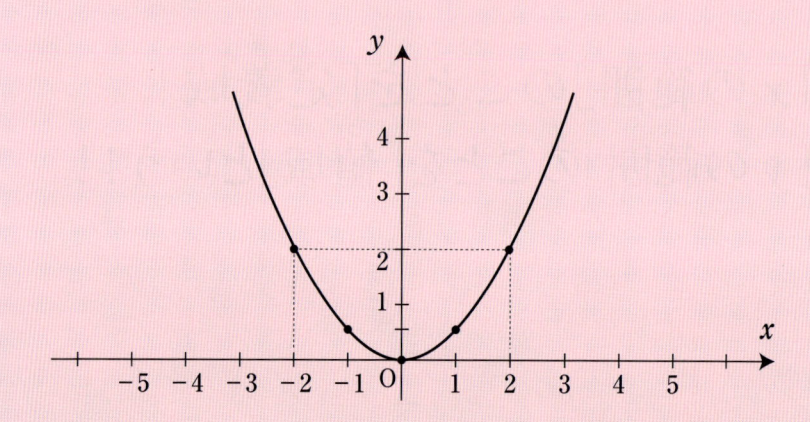

初動

原点$(x, y) = (0, 0)$を通るので、
$y = ax^2$ に $x = 2, y = 2$
（または $x = -2, y = 2$）を
代入するだけ！

解法のポイント

$y = ax^2$ のグラフの曲線を放物線という。

①グラフの形が下に凸($\cup$)ならば、
$$\underline{a > 0}$$
②グラフの形が上に凸($\cap$)ならば、
$$\underline{a < 0}$$

である!!

解答

求める方程式を $y = ax^2$ とおくと、グラフは点$(2, 2)$を通るので、
$2 = a \times 2^2$ が成り立つ。
これより $a = \dfrac{1}{2}$ が得られるので、求める方程式は
$$y = \dfrac{1}{2}x^2$$

A. $y = \dfrac{1}{2}x^2$

テーマ64　関数とグラフ①（1次関数と2次関数①）

問

$y=x^2-2x-1$ と $y=x-1$ のグラフが、
異なる2点で交わるとき、
共有点（交点）の座標を求めよ。

初動

$y=x^2-2x-1$ と $y=x-1$ のグラフが、
異なる2点で交わる
⇩
$x^2-2x-1=x-1$
とおいて、右辺を左辺に移項
⇩
$x^2-3x=0$ の形にする！

→あとは2次方程式を解くだけ！

解法のポイント

共有点の (x, y) 座標は、
$y = x^2 - 2x - 1$, $y = x - 1$ の
両方のグラフ上にある！
よって、
$x^2 - 2x - 1 = x - 1$
→ $x^2 - 2x - 1 - x + 1 = 0$
→ $x^2 - 3x = 0$
を解く！！

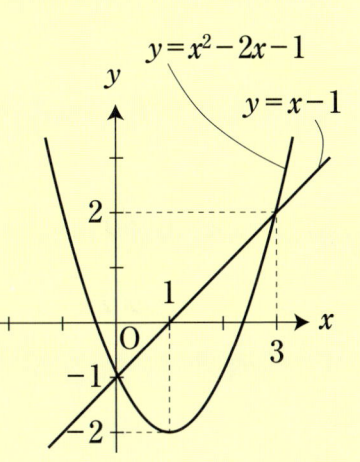

解答

共有点は、
(x, y) 座標の値が等しいので、
$x^2 - 2x - 1 = x - 1$ より、
$x^2 - 3x = 0$
$x(x - 3) = 0$
よって、$x = 0, 3$（共有点の x 座標）
これを、$y = x - 1$ に代入して
y 座標を求めると、
$x = 0$ のとき、$y = 0 - 1 = -1$
$x = 3$ のとき、$y = 3 - 1 = 2$
これより、2つの共有点の座標は、
$(0, -1), (3, 2)$

A. $(0, -1), (3, 2)$

テーマ65　関数とグラフ①（1次関数と2次関数②）

問

$y = 2x^2 + 2$ と $y = kx$ が、
1点で接するように、
k の値を定めよ。

初動

$y = 2x^2 + 2$ と $y = kx$ が、
1点で接する
⇩
接点では、$y = 2x^2 + 2$ と $y = kx$ の
(x, y) 座標が等しい！
⇩
$2x^2 + 2 - kx$
$2x^2 - kx + 2 = 0$ の形にする！
⇩
判別式 $D = b^2 - 4ac = 0$ に当てはめて解くだけ！

解法のポイント

$$\boxed{1\text{点で接する} \iff D=0}$$

すなわち、
$b^2 - 4ac = 0$
$\to k^2 - 4 \times 2 \times 2 = 0$

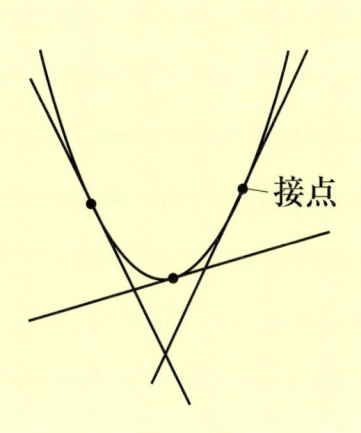

接点

解答

1点で接する接点の座標(x, y)は、
$y = 2x^2 + 2$ および $y = kx$ を
ともに満たす。
よって、$2x^2 + 2 = kx$ より、
$2x^2 - kx + 2 = 0$
ただ1点で接するので、
判別式 $D = 0$ より、
$D = k^2 - 4 \times 2 \times 2$
　$= k^2 - 16 = 0$
$k^2 = 16$
よって、$k = \pm 4$

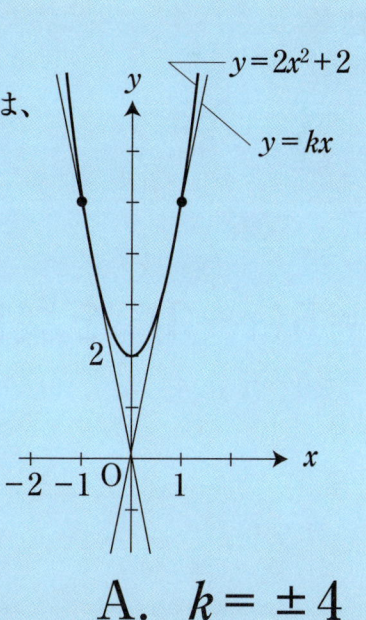

$y = 2x^2 + 2$
$y = kx$

A. $k = \pm 4$

テーマ66　関数とグラフ①（2次関数の平行移動①）

問

放物線 $y=5x^2$ を
x 軸方向に 3 だけ平行移動させた放物線の方程式を求めよ。

初動

$y=5(x-3)^2$ を展開するだけ！

解法のポイント

放物線 $y=ax^2$ を x 軸方向に p だけ平行移動させた場合！！

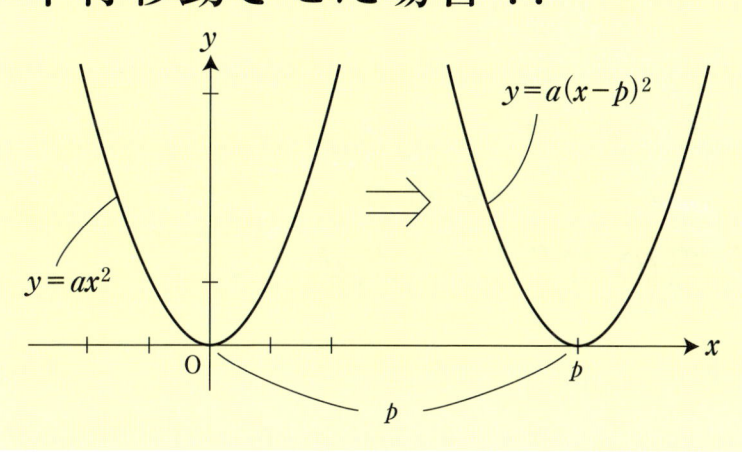

$y=ax^2$ $\Rightarrow$ $y=a(x-p)^2$

解答

$y = 5x^2$
x 軸方向に 3 だけ平行移動させるので、方程式は、
$$y = 5(x-3)^2$$
$$= 5(x^2 - 6x + 9)$$
$$= 5x^2 - 30x + 45$$
となる。

A. $y = 5x^2 - 30x + 45$

テーマ67 関数とグラフ①（2次関数の平行移動②）

問

放物線 $y = 2x^2$ を
x 軸方向に -4,
y 軸方向に 3,
それぞれ平行移動させた
放物線の方程式を求めよ。

初動

$y = 2\{x-(-4)\}^2 + 3$ を
展開するだけ！

解法のポイント

放物線 $y=ax^2$ を、x 軸方向に p, y 軸方向に q 平行移動させた場合、$y=a(x-p)^2+q$ となる!!

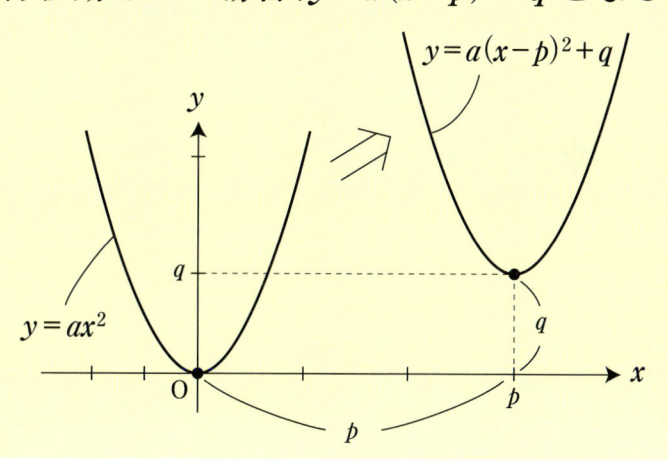

解答

$y=2x^2$
x 軸方向に -4, y 軸方向に 3
それぞれ平行移動させるので、方程式は、

$$\begin{aligned}y &= 2\{x-(-4)\}^2+3 \\ &= 2(x+4)^2+3 \\ &= 2(x^2+8x+16)+3 \\ &= 2x^2+16x+35\end{aligned}$$

となる。

A. $y=2x^2+16x+35$

テーマ68 関数とグラフ①（放物線の頂点①）

問

放物線 $y = 3(x+5)^2 - 4$ の頂点の座標 (p, q) を求めよ。

初動

$y = a(x-p)^2 + q$ の
頂点の座標は (p, q) なので、
$p = -5, q = -4$
となる！

解法のポイント

放物線 $y=a(x-p)^2+q$ の頂点の座標は、(p, q) である！！

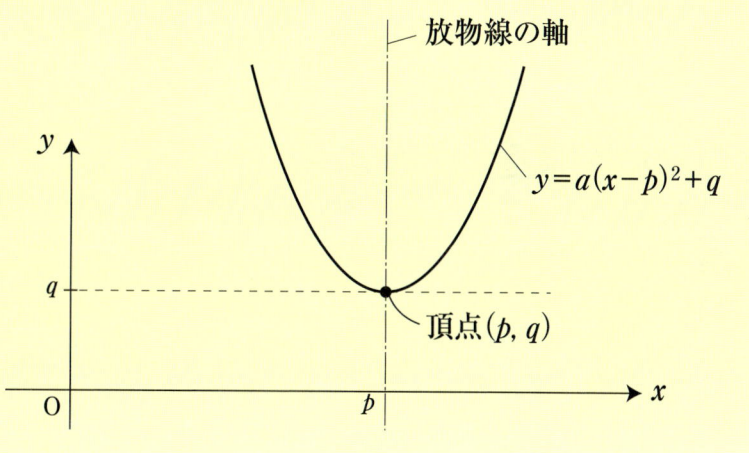

解答

$y=3(x+5)^2-4$ より、頂点の座標は $(-5, -4)$ となる。

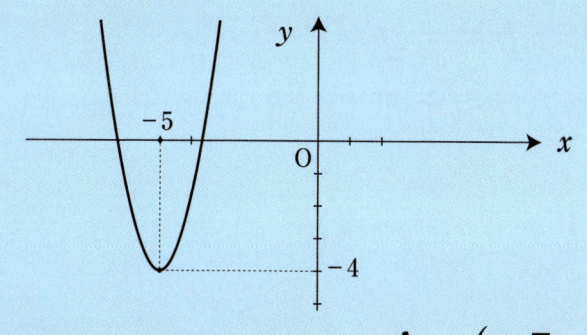

A. $(-5, -4)$

テーマ69　関数とグラフ①（放物線の頂点②）

問

放物線 $y = -3x^2 - 12x - 5$ の頂点の座標を求めよ。

初動

$y = a(x-p)^2 + q$ の形にするだけ！

解法のポイント

$y = -3x^2 - 12x - 5$
$ = -3(x^2 + 4x) - 5$
$ = -3(\underline{x^2 + 4x + 4 - 4}) - 5$
$\downarrow$
$(x+2)^2$

の形にする。

※ $y = a(x-p)^2 + q$ の形にすることを「平方完成」という!!

解答

$y = -3x^2 - 12x - 5$
$ = -3(x^2 + 4x) - 5$
$ = -3\{(x+2)^2 - 4\} - 5$
$ = -3(x+2)^2 + 12 - 5$
$ = -3(x+2)^2 + 7$

よって、
頂点の座標は $(-2, 7)$

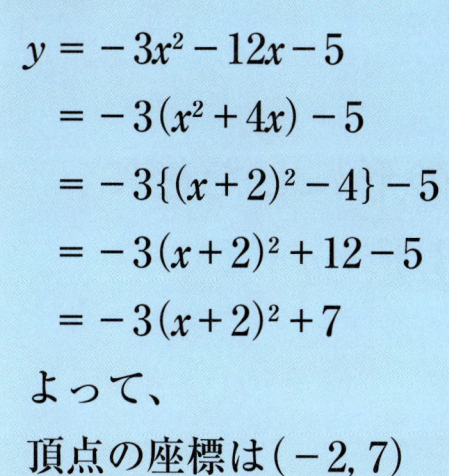

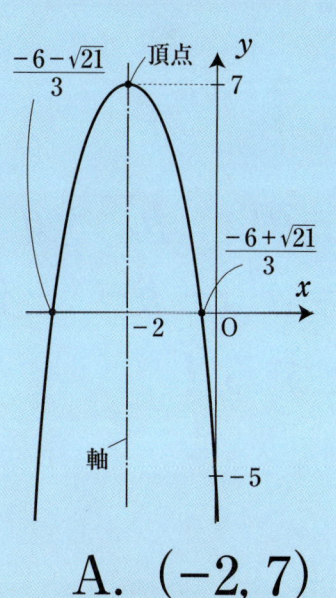

A. $(-2, 7)$

テーマ70 関数とグラフ①（グラフの移動①）

問

放物線 $y = 4x^2 - 16x + 15$ を
x 軸方向に -3, y 軸方向に 2 だけ
平行移動させた放物線の
方程式を求めよ。

初動

$y = a(x-p)^2 + q$ の形にした後に、
$y = a\{x - p - (-3)\}^2 + q + 2$
とする！

解法のポイント

放物線 $y = a(x-p)^2 + q$ を、x 軸方向に r, y 軸方向に s 平行移動させた放物線の方程式は、
$$y = a(x - p - r)^2 + q + s$$
となる！！

解答

$$y = 4x^2 - 16x + 15$$
$$= 4(x^2 - 4x + 4 - 4) + 15$$
$$= 4(x-2)^2 - 16 + 15$$
$$= 4(x-2)^2 - 1$$

よって、x 軸方向に -3, y 軸方向に 2 平行移動した放物線の方程式は、
$$y = 4\{x - 2 - (-3)\}^2 - 1 + 2$$
$$= 4(x+1)^2 + 1$$
$$= 4x^2 + 8x + 5$$

A. $\underline{y = 4x^2 + 8x + 5}$

テーマ71 関数とグラフ①（グラフの移動②）

問

放物線 $y = x^2 + 6x + 10$ が、
$y = x^2 - 14x + 31$ に重なるには、
x 軸方向，y 軸方向にそれぞれ
どれだけ平行移動すればよいか求めよ。

初動

放物線の方程式を
$y = (x - p)^2 + q$ の形にする！
⇩
頂点の座標 (p, q) を
比較するだけ！

解法のポイント

2つのグラフが重なるのに、どれだけ平行移動したか？
→（移動先の頂点の座標）−（移動前の頂点の座標）
で表される！

（例）　放物線A　　　　　　　　　　放物線B

頂点 (p_B, q_B)

$(p_B - p_A)$　　$(q_B - q_A)$

頂点 (p_A, q_A)

x 軸方向の移動　　y 軸方向の移動

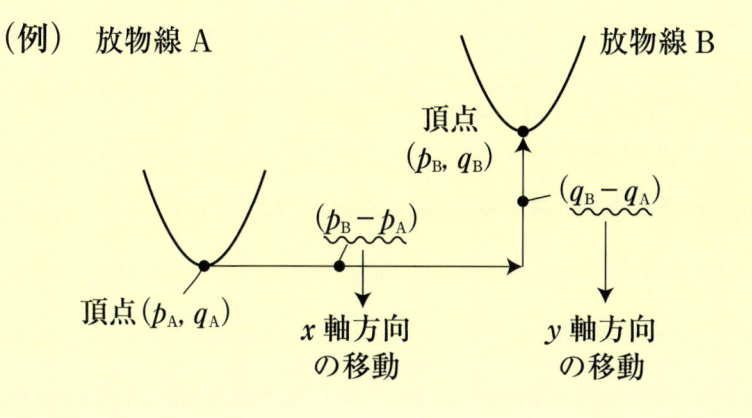

解答

$y = x^2 + 6x + 10$
$\quad = (x+3)^2 - 9 + 10$
$\quad = (x+3)^2 + 1$
→頂点 $(-3, 1)$

$y = x^2 - 14x + 31$
$\quad = (x-7)^2 - 49 + 31$
$\quad = (x-7)^2 - 18$
→頂点 $(7, -18)$

よって、
$\begin{cases} x\text{軸方向には、} 7-(-3) = 10 \\ y\text{軸方向には、} -18-1 = -19 \end{cases}$
移動させる。

A. x 軸方向に 10, y 軸方向に -19

テーマ72 関数とグラフ①（グラフの移動③）

問

ある放物線を
x軸方向に3, y軸方向に-6平行移動すると、
放物線$y = x^2 - 4x - 2$に重なる。
ある放物線の方程式を求めよ。

初動

$y = x^2 - 4x - 2$を
$y = (x-p)^2 + q$の形にする！

　　　⇓

頂点の座標(p, q)に平行移動する前の、
ある放物線の頂点の座標を$(p-3, q+6)$として、
ある放物線の方程式を求めるだけ！！

解法のポイント

ある放物線の頂点の座標
→(移動先の頂点の座標)−(x軸, y軸方向に平行移動した分)

(例)

ある放物線
(x軸方向に−3)
頂点$(p-3, q+6)$
(y軸方向に6)
$y = x^2 - 4x - 2$
(p, q)

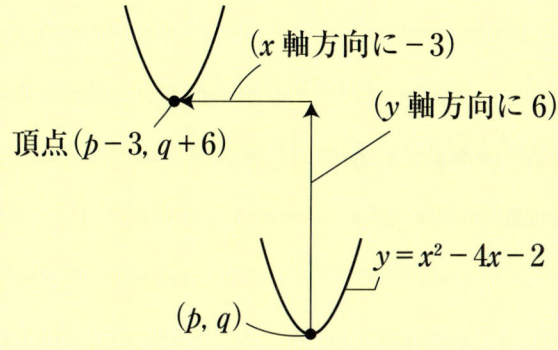

→ある放物線の方程式に頂点の座標を代入するだけ!!

解答

$y = x^2 - 4x - 2$
　$= (x-2)^2 - 6$　より、
頂点は$(2, -6)$
ある放物線の頂点は、
　$2 - 3 = -1$
　$-6 + 6 = 0$　より、$(-1, 0)$
よって、求める方程式は
$y = \{x-(-1)\}^2 + 0$
　$= (x+1)^2$
　$= x^2 + 2x + 1$

A.　$\underline{y = x^2 + 2x + 1}$

テーマ73　関数とグラフ②（放物線の対称移動①）

問

放物線 $y = x^2 - 4$ を
x 軸に関して対称移動した
放物線の方程式を求めよ。

初動

$\underline{x \text{ 軸に関する対称移動}}$
$=$
y を $-y$ に置き換える！
$y = x^2 - 4$
$\rightarrow \underline{-y = x^2 - 4}$

解法のポイント

放物線 $y = ax^2 + bx + c$ の x 軸に関する対称移動

$$y = ax^2 + bx + c$$
$$\rightarrow \quad -y = ax^2 + bx + c$$
$$\underline{y = -ax^2 - bx - c}$$

解答

$y = x^2 - 4$ の y を
$-y$ に置き換えると、
$-y = x^2 - 4$
よって、
$y = -x^2 + 4$

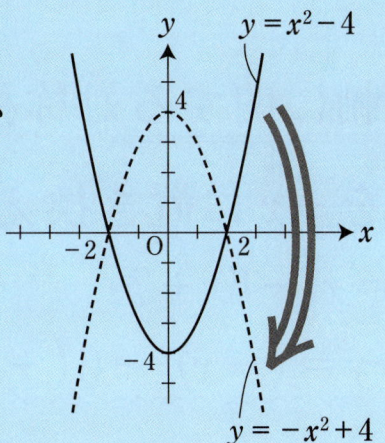

A. $\underline{y = -x^2 + 4}$

テーマ74　関数とグラフ②（放物線の対称移動②）

問

放物線 $y = x^2 - 6x + 7$ を y 軸に関して対称移動した放物線の方程式を求めよ。

初動

$\underline{\underline{y \text{ 軸に関する対称移動}}}$
$=$
x を $-x$ に置き換える！

$y = x^2 - 6x + 7$
$\rightarrow y = (-x)^2 - 6(-x) + 7$

解法のポイント

放物線 $y = ax^2 + bx + c$ の y 軸に関する対称移動

$\quad y = ax^2 + bx + c$

→ $\quad y = a(-x)^2 + b(-x) + c$

$\quad \underline{y = ax^2 - bx + c}$

解答

$y = x^2 - 6x + 7$ の x を $-x$ に置き換えると、

$y = (-x)^2 - 6(-x) + 7$

よって、

$y = x^2 + 6x + 7$

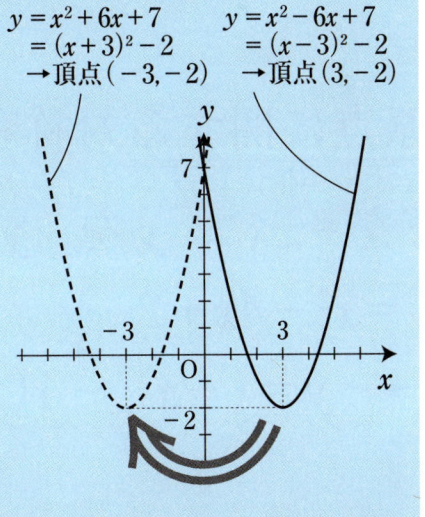

$y = x^2 + 6x + 7$
$= (x+3)^2 - 2$
→頂点 $(-3, -2)$

$y = x^2 - 6x + 7$
$= (x-3)^2 - 2$
→頂点 $(3, -2)$

A. $\underline{y = x^2 + 6x + 7}$

テーマ75 関数とグラフ②（放物線の対称移動③）

問

放物線 $y = x^2 - 4x + 2$ を原点に関して対称移動した放物線の方程式を求めよ。

初動

<u>原点に関する対称移動</u>
x を $-x$ に、y を $-y$ に置き換える！

$y = x^2 - 4x + 2$
$\rightarrow -y = (-x)^2 - 4(-x) + 2$

解法のポイント

放物線 $y = ax^2 + bx + c$ の原点に関する対称移動

$$y = ax^2 + bx + c$$
→ $$-y = a(-x)^2 + b(-x) + c$$
$$-y = ax^2 - bx + c$$
$$y = -ax^2 + bx - c$$

解答

$y = x^2 - 4x + 2$
の y を $-y$ に、
x を $-x$ に置き換えると、
$-y = (-x)^2 - 4(-x) + 2$
$\quad = x^2 + 4x + 2$
よって、
$y = -x^2 - 4x - 2$

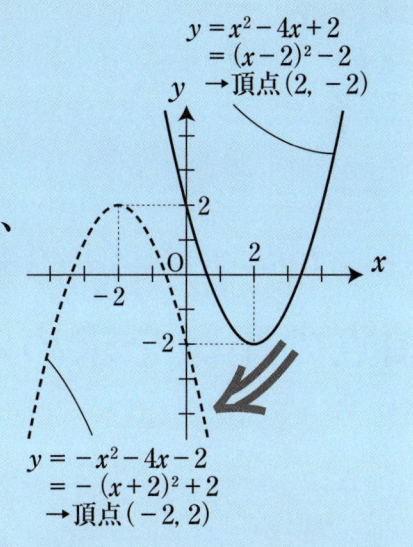

$y = x^2 - 4x + 2$
$= (x-2)^2 - 2$
→頂点 $(2, -2)$

$y = -x^2 - 4x - 2$
$= -(x+2)^2 + 2$
→頂点 $(-2, 2)$

A. $y = -x^2 - 4x - 2$

テーマ76 関数とグラフ②（2次関数の最大値・最小値①）

問

$y = x^2 - 8x + 7$ の最小値を求めよ。

初動

$y = a(x-p)^2 + q$ の形にして、頂点の座標を求めるだけ！

解法のポイント

$y = ax^2$ の $a > 0$ の場合、グラフの形は

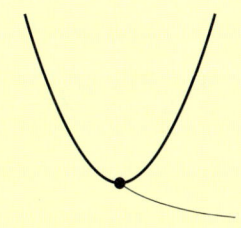

頂点

となるので、最小値は頂点の y 座標！！

解答

$y = x^2 - 8x + 7$
  $= (x-4)^2 - 9$

より、頂点の座標は
(4, −9)
よって、
$x = 4$ のとき、
最小値は −9 となる。

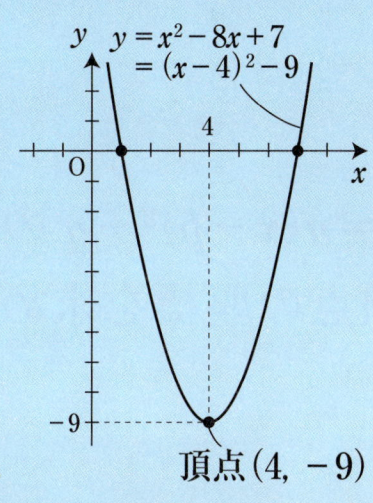

頂点 (4, −9)

A. $x = 4$ のとき最小値 −9

テーマ77 関数とグラフ②（2次関数の最大値・最小値②）

問

$y = -x^2 + 2x + 5$ の最大値を求めよ。

初動

$y = a(x-p)^2 + q$ の形にして、頂点の座標を求めるだけ！

解法のポイント

$y = ax^2$ の $a < 0$ の場合、グラフの形は

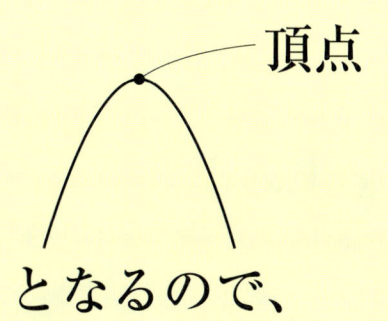

頂点

となるので、
最大値は頂点の y 座標！！

解答

$y = -x^2 + 2x + 5$
　 $= -(x-1)^2 + 6$
より、頂点の座標は
$(1, 6)$
よって、
$x = 1$ のとき、
最大値は 6 となる。

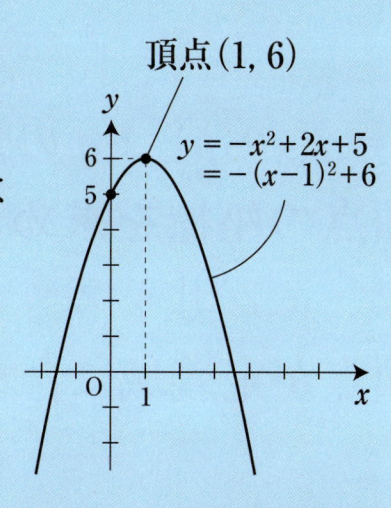

頂点 $(1, 6)$
$y = -x^2 + 2x + 5$
　 $= -(x-1)^2 + 6$

A. $x = 1$ のとき最大値 6

テーマ78 関数とグラフ②（2次関数の最大値・最小値③）

問

$-4 \leqq x \leqq 0$ のとき、
$y = x^2 + 6x + 13$
の最大値、最小値を求めよ。

初動

$y = a(x-p)^2 + q$ の形にして、
頂点の座標を求める
⇓
頂点が定義域に含まれるか調べる！

解法のポイント

下に凸のグラフの、定義域と最大値、最小値

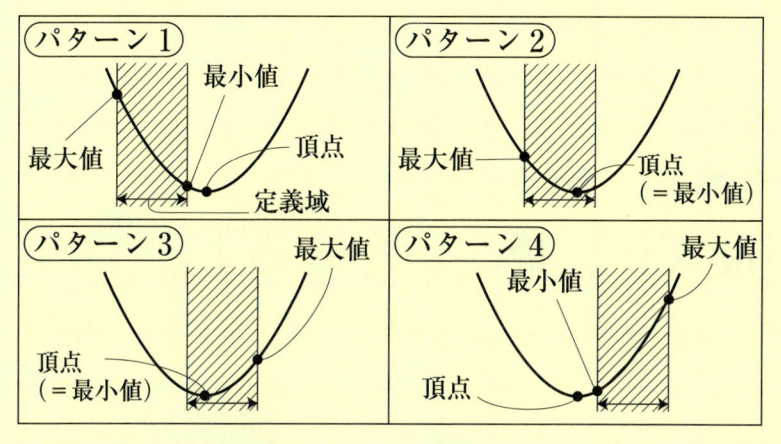

パターン1: 最大値／最小値／頂点／定義域
パターン2: 最大値／頂点（=最小値）
パターン3: 頂点（=最小値）／最大値
パターン4: 最小値／頂点／最大値

※定義域の両端を含む場合

解答

$y = x^2 + 6x + 13$
  $= (x+3)^2 + 4$ → 頂点 $(-3, 4)$

頂点は定義域内にあるので、
最小値は $x = -3$ のとき $y = 4$
最大値は $x = 0$ のとき $y = 13$

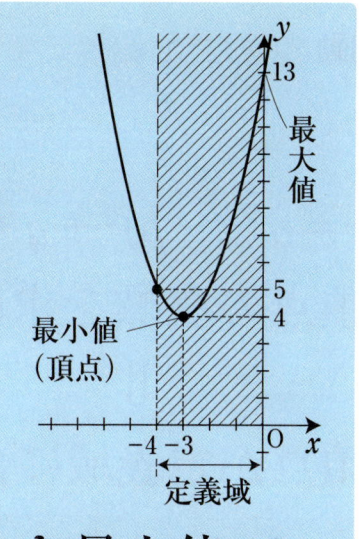

$$x = 0 \text{ のとき最大値 } 13$$
A. $x = -3$ のとき最小値 4

テーマ79 関数とグラフ②（2次関数の最大値・最小値④）

問

$1 \leqq x \leqq 6$ のとき、
$y = -x^2 + 6x + 7$
の最大値、最小値を求めよ。

初動

$y = a(x-p)^2 + q$ の形にして、
頂点の座標を求める
⇩
頂点が定義域に含まれるか調べる！

解法のポイント

上に凸のグラフの、定義域と最大値、最小値

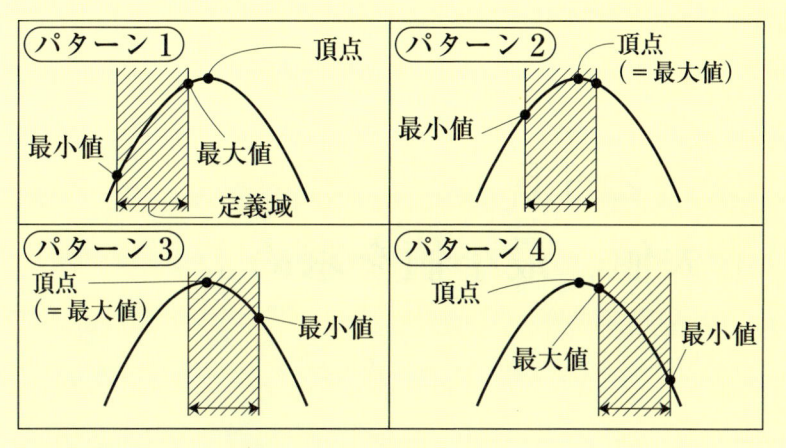

- パターン1: 最小値、最大値、頂点、定義域
- パターン2: 最小値、頂点（＝最大値）
- パターン3: 頂点（＝最大値）、最小値
- パターン4: 頂点、最大値、最小値

※定義域の両端を含む場合

解答

$y = -x^2 + 6x + 7$

$\quad = -(x-3)^2 + 16 \rightarrow$ 頂点$(3, 16)$

頂点は定義域内にあるので、

最大値は $x=3$ のとき $y=16$

最小値は $x=6$ のとき $y=7$

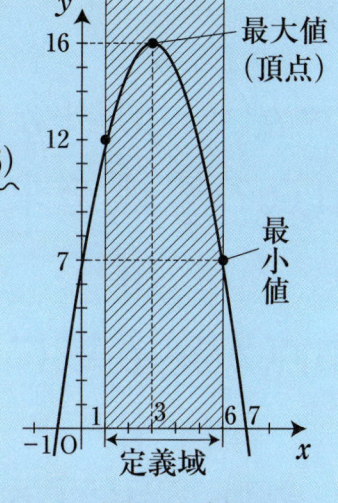

A. $x=3$ のとき最大値 16
$x=6$ のとき最小値 7

テーマ80 関数とグラフ②（2次関数の最大値・最小値⑤）

問

$-2 \leqq x \leqq 0$ のとき、
$y = x^2 - 2x + 5$
の最大値、最小値を求めよ。

初動

$y = a(x-p)^2 + q$ の形にして、
頂点の座標を求める
⇩
頂点が定義域に含まれない
⇩
定義域の両端(りょうたん)の座標を調べる！

解法のポイント

「頂点が定義域に含まれない」とき、最大値、最小値は、それぞれ定義域の両端に対応する y 座標！！
（定義域に両端を含む場合）

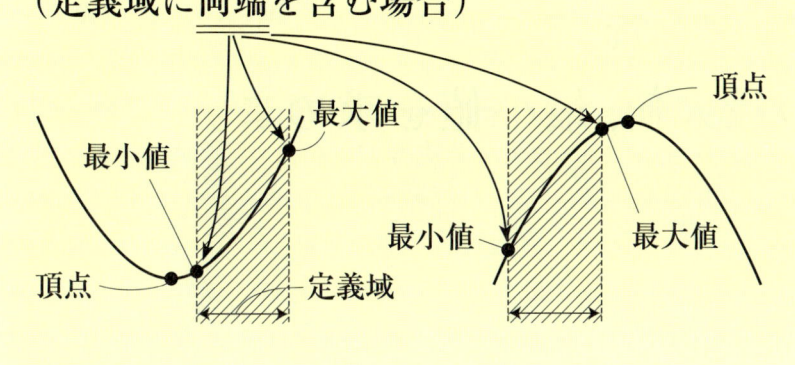

解答

$y = x^2 - 2x + 5$
$\quad = (x-1)^2 + 4 \quad \rightarrow \underline{頂点(1, 4)}$
頂点は定義域に含まれないので、両端を調べると、
最大値は $x = -2$ のとき、
$y = (-2)^2 - 2(-2) + 5 = 13$
最小値は $x = 0$ のとき、
$y = 0^2 - 2 \times 0 + 5 = 5$

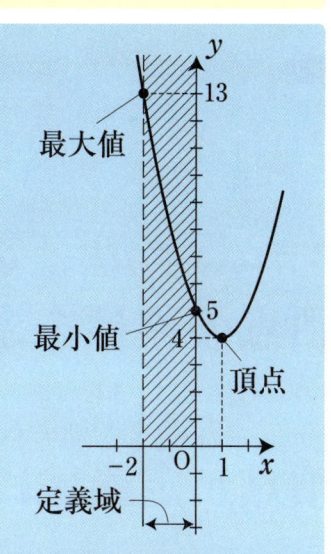

A. $x = -2$ のとき最大値 13
$x = 0$ のとき最小値 5

テーマ81 関数とグラフ②（2次関数の最大値・最小値⑥）

問

$-1 < x < 3$ のとき、
$y = x^2 - 4x$
の最大値, 最小値を求めよ。

初動

$y = a(x-p)^2 + q$ の形にして、
頂点の座標を求める
⇩
頂点が定義域に含まれるか調べる！

解法のポイント

定義域が両端を含まない
($x_1 < x < x_2$) のとき、
⇩
「最大値はない」
と答えなければならない!!
→下に凸(∪)のグラフの場合

※上に凸(∩)のときは、
「最小値はない」と答える

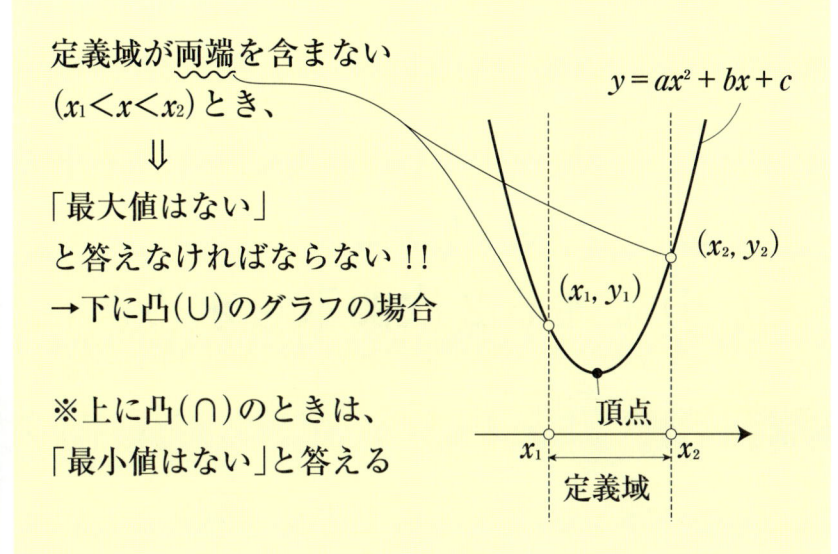

解答

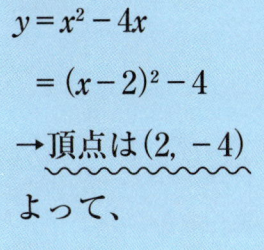

$y = x^2 - 4x$
　$= (x-2)^2 - 4$
→頂点は $(2, -4)$
よって、
最小値は $x = 2$ のとき $y = -4$
最大値はない

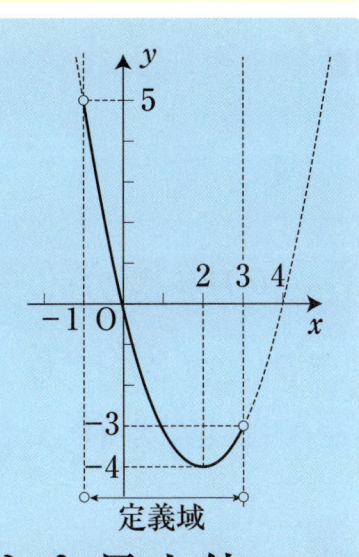

$x = 2$ のとき最小値 -4
A. 最大値はない

テーマ82 関数とグラフ②（2次関数の決定①）

問

点$(-2, -6)$を頂点とし、
点$(0, 6)$を通る2次関数を求めよ。

初動

頂点の座標が$(-2, -6)$なので、
$y = a(x+2)^2 - 6$として、
$x=0, y=6$を代入してaを求めるだけ！

解法のポイント

$y = a(x+2)^2 - 6$ に、
$x = 0, y = 6$ を代入すると、
$6 = a(0+2)^2 - 6$
$6 = 4a - 6$
$12 = 4a$　なので、$a = 3$
ここで $a = 3$　なので、
$y = \underset{a}{3}(x+2)^2 - 6$
を展開して、答にする！

解答

点 $(-2, -6)$ を頂点とすることから、
求める 2 次関数は、$y = a(x+2)^2 - 6$ で表すことができる。

また、点 $(0, 6)$ を通ることから、
$6 = a(0+2)^2 - 6$ となる。
$12 = 4a$ なので、$a = 3$

よって、求める 2 次関数は、
$y = 3(x+2)^2 - 6$
展開すると、$y = 3x^2 + 12x + 6$　となる。

$$\text{A.} \quad \underline{y = 3x^2 + 12x + 6}$$

テーマ83　関数とグラフ②（2次関数の決定②）

問

$x=-1$ を軸とし、
2点 $(2, -15)$, $(-1, 3)$ を通る
2次関数を求めよ。

初動

軸が $x=-1$
　∥
頂点の x 座標が -1
よって、求める2次関数は、
$y=a(x+1)^2+q$　となる。
この式に
$x=2,\ y=-15$
$x=-1,\ y=3$
を代入するだけ！

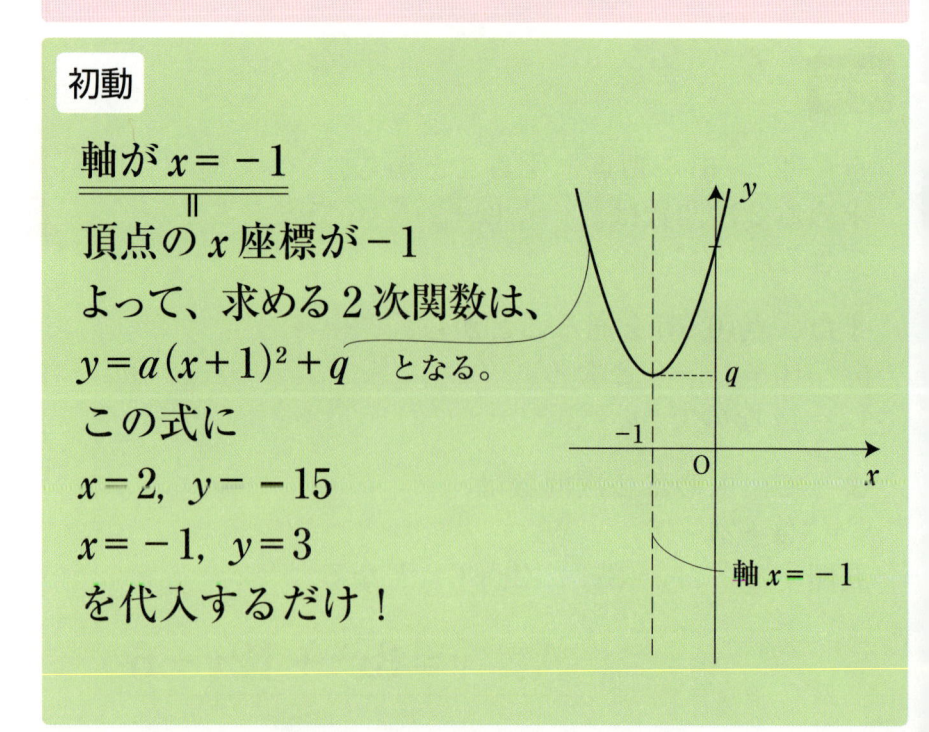

解法のポイント

$y = a(x+1)^2 + q$ に、
$\begin{cases} x=2, \ y=-15 \\ x=-1, \ y=3 \end{cases}$
を代入すると、
$\begin{cases} -15 = a(2+1)^2 + q \\ 3 = a(-1+1)^2 + q \end{cases}$
となる。
あとは、a, q について解くだけ！！

解答

軸が $x = -1$ なので、
$y = a(x+1)^2 + q$ とおくと、
$(2, -15)$ を通ることから、
$-15 = a(2+1)^2 + q$ …①
$(-1, 3)$ を通ることから、
$3 = a(-1+1)^2 + q$ …②
となる。
①より、$9a + q = -15$
②より、$q = 3$

よって、
①に $q = 3$ を代入すると、
$9a + 3 = -15$
$9a = -18 \quad a = -2$ となる。
以上より、求める 2 次関数は、
$y = \underbrace{-2}_{a}(x+1)^2 + \underbrace{3}_{q}$
$= -2x^2 - 4x + 1$

A. $y = -2x^2 - 4x + 1$

テーマ84 関数とグラフ②（2次関数の決定③）

問

3点 $(-1, 5)$, $(3, 25)$, $(-2, 20)$ を通る2次関数を求めよ。

初動

求める2次関数を、
$y = ax^2 + bx + c$ として、
$(x, y) = (-1, 5), (3, 25), (-2, 20)$ を代入して、a, b, c について解くだけ！

解法のポイント

$y = ax^2 + bx + c$ に、
$$\begin{cases} x = -1, \ y = 5 \\ x = 3, \ y = 25 \\ x = -2, \ y = 20 \end{cases}$$
を代入すると、
$$\begin{cases} 5 = a(-1)^2 + b(-1) + c \\ 25 = a \times 3^2 + b \times 3 + c \\ 20 = a(-2)^2 + b(-2) + c \end{cases}$$
となる。
あとは、a, b, c について解くだけ！！

解答

求める2次関数を
$y = ax^2 + bx + c$ とおき、
$(x, y) = (-1, 5), (3, 25), (-2, 20)$ を
代入すると、
$$\begin{cases} a - b + c = 5 \quad \cdots\cdots ① \\ 9a + 3b + c = 25 \cdots\cdots ② \\ 4a - 2b + c = 20 \cdots\cdots ③ \end{cases}$$
となる。

$$\begin{cases} ② - ① より、8a + 4b = 20 \\ ③ - ① より、3a - b = 15 \end{cases}$$

これより、
$a = 4, b = -3, c = -2$ が得られる。

よって、求める2次関数は、
$y = 4x^2 - 3x - 2$

A. $y = 4x^2 - 3x - 2$

テーマ85　2次不等式（放物線とx軸の共有点①）

問

2次関数 $y = x^2 - 6x + 4$ と x 軸との共有点を求めよ。

初動

$\underline{x \text{軸と共有点をもつ}}_{=}$
$y = 0$ とおいて、$x^2 - 6x + 4 = 0$ を解くだけ！

解法のポイント

x 軸との共有点 → $y=0$ のとき

y 軸との共有点 → $x=0$ のとき

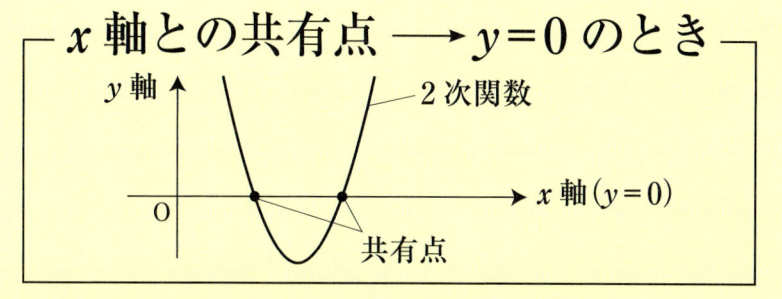

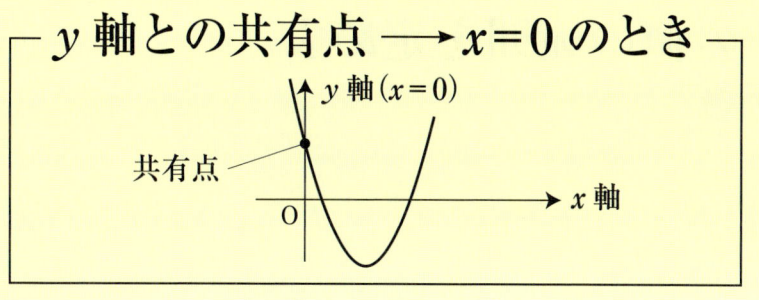

解答

$x^2 - 6x + 4 = 0$ とおくと、
解の公式より
$x = 3 \pm \sqrt{9-4}$
$ = 3 \pm \sqrt{5}$

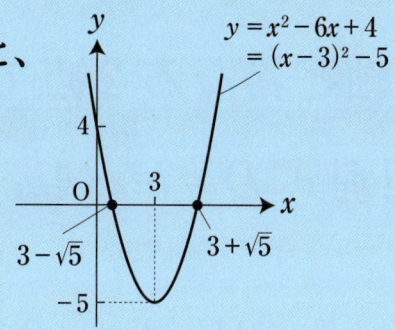

よって、
x 軸との共有点の座標は、
$(3-\sqrt{5}, 0), (3+\sqrt{5}, 0)$ の 2 点。

$y = x^2 - 6x + 4 = (x-3)^2 - 5$

A.　$(3-\sqrt{5}, 0), (3+\sqrt{5}, 0)$

テーマ86　2次不等式（放物線と x 軸の共有点②）

問

2次関数 $y = x^2 - 3x + m$ が、
x 軸と異なる2点で交わるように、
m の値の範囲を定めよ。

初動

$\underline{\underline{x \text{ 軸と異なる2点で交わる}}}$
判別式 $D = b^2 - 4ac > 0$ を使う！

$\left(\begin{array}{l} ax^2 + 2b'x + c = 0 \text{ のときは、} \\ \dfrac{D}{4} = b'^2 - ac > 0 \text{ を使う！} \end{array} \right)$

解法のポイント

2次関数 $y = ax^2 + bx + c$ が、
x 軸 $(y=0)$ と異なる2点で交わる。
⇒ 「$ax^2 + bx + c = 0$ が、異なる2つの実数解をもつ」
　　　　　　　　　　　　　　　　　　ということ!!

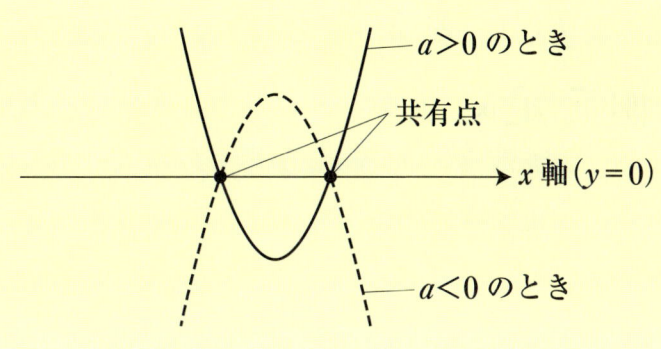

解答

$x^2 - 3x + m = 0$ の判別式 D は、
$D = (-3)^2 - 4 \times 1 \times m = \underline{9 - 4m}$
なので、
x 軸と異なる2点で交わるための条件は、
$\underline{9 - 4m > 0}$
よって、m の値の範囲は、
$4m < 9$
$m < \dfrac{9}{4}$
と定まる。

A. $\underline{m < \dfrac{9}{4}}$

テーマ87　2次不等式（放物線とx軸の共有点③）

問

2次関数 $y = x^2 + 8x + m$ が、x 軸と1点で接するように、m の値を定めよ。

初動

$\underline{\underline{x \text{ 軸と1点で接する}}}$
$\parallel$
判別式 $D = b^2 - 4ac = 0$ を使う！

$\left(\begin{array}{l} ax^2 + 2b'x + c = 0 \text{ のときは、} \\ \dfrac{D}{4} = b'^2 - ac = 0 \text{ を使う！} \end{array} \right)$

解法のポイント

2次関数 $y = ax^2 + bx + c$ が、x 軸 $(y=0)$ と1点で接する。

⇒「$ax^2 + bx + c = 0$ が、ただ1つの実数解（重解という）をもつ」ということ!!

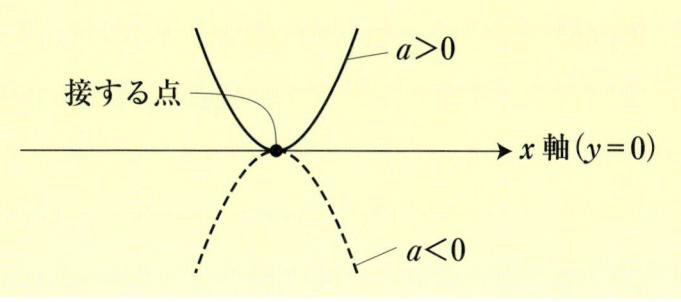

- $a > 0$
- 接する点
- x 軸 $(y=0)$
- $a < 0$

解答

$x^2 + 8x + m = 0$ の判別式 $\dfrac{D}{4}$ は、

$\dfrac{D}{4} = 4^2 - 1 \times m = \underwave{16 - m}$

なので、
x 軸と1点で接するための条件は、
$\underwave{16 - m = 0}$
よって、m の値は、
$m = 16$
と定まる。

A. $m = 16$

テーマ88　2次不等式（放物線とx軸の共有点④）

問

2次関数 $y = x^2 + 2x + m$ が、x軸と共有点をもたないような、mの値の範囲を定めよ。

初動

$\underline{x \text{軸と共有点をもたない}}$
$\parallel$
判別式 $D = b^2 - 4ac < 0$ を使う！

$\left(\begin{array}{l} ax^2 + 2b'x + c = 0 \text{ のときは、} \\ \dfrac{D}{4} = b'^2 - ac < 0 \text{ を使う！} \end{array} \right)$

解法のポイント

2次関数 $y = ax^2 + bx + c$ が、x 軸 ($y = 0$) と共有点をもたない。
⇒「$ax^2 + bx + c = 0$ が、実数解をもたない」ということ!!

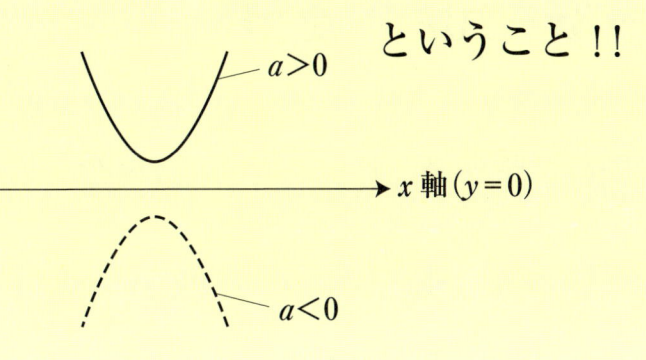

- $a > 0$
- $a < 0$
- x 軸 ($y = 0$)

解答

$x^2 + 2x + m = 0$ の判別式 $\dfrac{D}{4}$ は、
$\dfrac{D}{4} = 1^2 - 1 \times m = \underline{1 - m}$
なので、
x 軸と共有点をもたない条件は、
$\underline{1 - m < 0}$
よって、m の値の範囲は、
$m > 1$
と定まる。

A. $\underline{m > 1}$

テーマ89　2次不等式（2次不等式①）

問

$x^2 - 3x - 10 \geqq 0$ を解け。

初動

$y = x^2 - 3x - 10$ を因数分解して、
$y = (x-5)(x+2)$ の形にする！
⇩
グラフを書いて、$y \geqq 0$ の場合を考える！

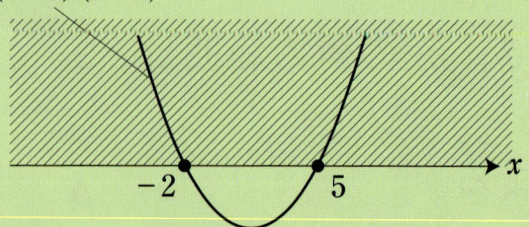

解法のポイント

$ax^2+bx+c>0$ ($a>0$)を解く場合は、まず、2次方程式 $ax^2+bx+c=0$ を考える。
→2つの実数解を α, β ($\alpha<\beta$) とすると、
$ax^2+bx+c=\boxed{a(x-\alpha)(x-\beta)=0}$ の形にして、
x 軸の上部分を考える！！

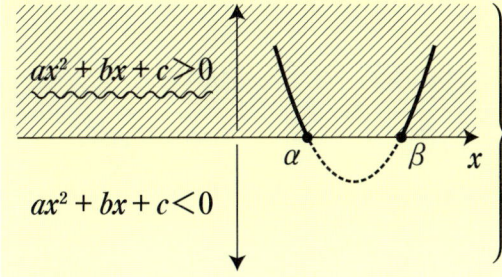

図より、$ax^2+bx+c\geqq 0$ である x の範囲は、
$x\leqq\alpha \quad \beta\leqq x$

解答

$x^2-3x-10=0$ を因数分解すると、
$(x-5)(x+2)=0$ より、
$x=-2, 5$

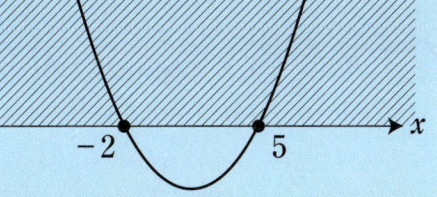

右のグラフより、
$x^2-3x-10\geqq 0$ となる x の範囲は、
$x\leqq -2, 5\leqq x$

A. $\underline{x\leqq -2, 5\leqq x}$

テーマ90　2次不等式（2次不等式②）

問

$x^2 + 2x - 3 < 0$ を解け。

初動

$y = x^2 + 2x - 3$ を因数分解して、
$y = (x+3)(x-1)$ の形にする！
　　⇩
グラフを書いて、$y < 0$ の場合を考える！

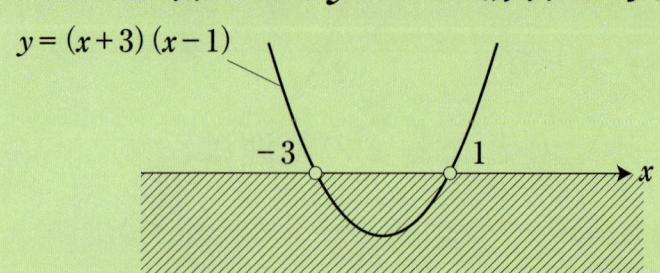

$y = (x+3)(x-1)$

−3　　1　　x

解法のポイント

$ax^2+bx+c<0\,(a>0)$ を解く場合も、
2次方程式 $ax^2+bx+c=0$ を考える。
→ 2つの実数解を $\alpha,\beta\,(\alpha<\beta)$ とすると、
$ax^2+bx+c=\boxed{a(x-\alpha)(x-\beta)=0}$ の形にして、
x 軸の下部分を考える!!

$ax^2+bx+c>0$

$ax^2+bx+c<0$

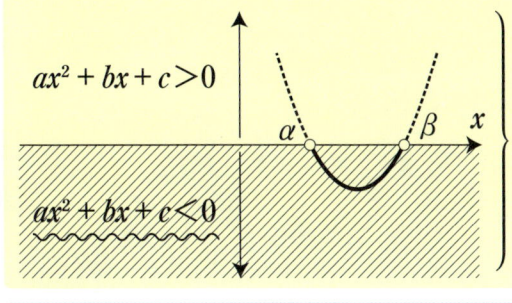

図より、$ax^2+bx+c<0$ である x の範囲は、

$$\alpha<x<\beta$$

解答

$x^2+2x-3=0$ を因数分解すると、
$(x+3)(x-1)=0$ より、
$x=-3,\,1$

右のグラフより、
$x^2+2x-3<0$ となる x の範囲は、
$-3<x<1$

A. $\;-3<x<1$

テーマ91 2次不等式（2次不等式③）

問

$-2x^2 + 3x + 1 \leqq 0$ を解け。

初動

両辺に-1をかけて、
x^2の係数を正にしてから計算する！

$$-2x^2 + 3x + 1 \leqq 0$$
$$2x^2 - 3x - 1 \geqq 0$$

※不等号の向きが変わることに注意する！

解法のポイント

左辺が因数分解できるかどうかを調べ、因数分解できない場合は解の公式を使う！

2次方程式の解の公式

$ax^2 + bx + c = 0$ のとき $(a \neq 0)$

$$x = \frac{-b \pm \sqrt{b^2 - 4ac}}{2a}$$

解答

$-2x^2 + 3x + 1 \leq 0$ より、
$2x^2 - 3x - 1 \geq 0$
ここで、
$2x^2 - 3x - 1 = 0$ の解は、2次方程式の解の公式より
$$x = \frac{3 \pm \sqrt{9 + 8}}{4} = \frac{3 \pm \sqrt{17}}{4}$$
これより設問の不等式は、
$$2\left(x - \frac{3 + \sqrt{17}}{4}\right)\left(x - \frac{3 - \sqrt{17}}{4}\right) \geq 0$$
と表せるので、x の範囲は、
$$x \leq \frac{3 - \sqrt{17}}{4},\ \frac{3 + \sqrt{17}}{4} \leq x$$

A. $\underline{x \leq \dfrac{3 - \sqrt{17}}{4},\ \dfrac{3 + \sqrt{17}}{4} \leq x}$

テーマ92　2次不等式（2次不等式④）

問

$-6x^2 - 10x + 2 \geqq 0$ を解け。

初動

両辺に -1 をかけて、
x^2 の係数を正にしてから計算する！

$$-6x^2 - 10x + 2 \geqq 0$$
$$\rightarrow 6x^2 + 10x - 2 \leqq 0$$

※不等号の向きが変わることに注意する！

解法のポイント

左辺が因数分解できるかどうかを調べ、因数分解できない場合は解の公式を使う！

※ x の係数が偶数のときは、次の公式が使える。

$$\boxed{x の係数が偶数のときの解の公式}$$
$$ax^2 + 2b'x + c = 0 \text{ のとき } (a \neq 0)$$
$$x = \frac{-b' \pm \sqrt{b'^2 - ac}}{a}$$

解答

$-6x^2 - 10x + 2 \geqq 0$ より、
$6x^2 + 10x - 2 \leqq 0$
ここで、
$6x^2 + 10x - 2 = 0$ の解は、解の公式より
$x = \dfrac{-5 \pm \sqrt{25 + 12}}{6} = \dfrac{-5 \pm \sqrt{37}}{6}$
これより設問の不等式は、
$6\left(x - \dfrac{-5 - \sqrt{37}}{6}\right)\left(x - \dfrac{-5 + \sqrt{37}}{6}\right) \leqq 0$
と表せるので、x の範囲は、
$\dfrac{-5 - \sqrt{37}}{6} \leqq x \leqq \dfrac{-5 + \sqrt{37}}{6}$

A. $\dfrac{-5 - \sqrt{37}}{6} \leqq x \leqq \dfrac{-5 + \sqrt{37}}{6}$

テーマ93　2次不等式（2次不等式⑤）

問

$x^2 - 4x + 4 \geqq 0$ を解け。

初動

$y = x^2 - 4x + 4$
$ = (x-2)^2$ として、
グラフを作成！

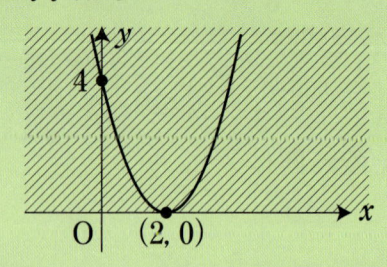

→ 常に $y \geqq 0$ となることを認識する！

解法のポイント

$y = x^2 - 4x + 4$ とおくと、
$y = (x-2)^2$ より、
グラフは右図になる。

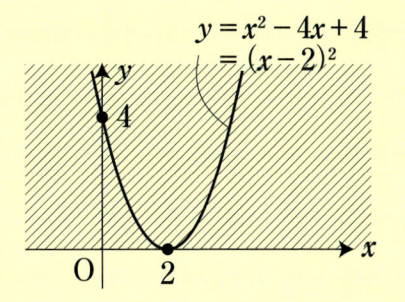

→グラフより、「x の値にかかわらず、つねに $y \geqq 0$」
　　　　　　　（すべての実数 x で）

【参考】

y の範囲	$y \geqq 0$	$y \leqq 0$	$y > 0$	$y < 0$
解	すべての実数	$x = 2$	2以外の すべての実数※	解なし

※「$x \neq 2$」または、「$x < 2, 2 < x$」でもよい。

解答

$y = x^2 - 4x + 4$
　$= (x-2)^2$　　より、
グラフは右図になる。

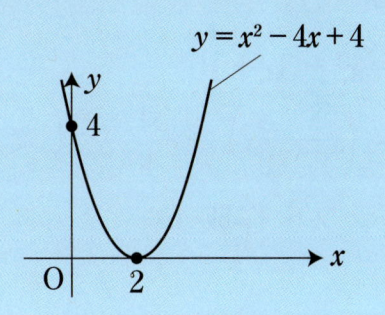

これより、$x = 2$（重解）のとき $y = 0$,
2以外のすべての実数で $y > 0$ となる。
よって、すべての実数 x で $y \geqq 0$ が成り立つ。

A. すべての実数

テーマ94 2次不等式（2次不等式⑥）

問

$x^2 - 3x + 10 \leq 0$ を解け。

初動

$y = x^2 - 3x + 10$
$ = \left(x - \dfrac{3}{2}\right)^2 + \dfrac{31}{4}$ として、

グラフを作成！

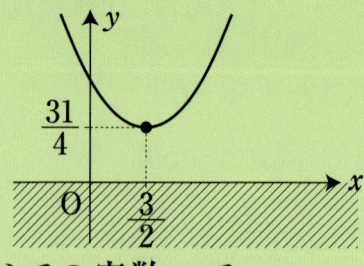

→すべての実数 x で、
$y \leq 0$ とならないことを認識する！

解法のポイント

$y = x^2 - 3x + 10$ とおくと、
$y = \left(x - \dfrac{3}{2}\right)^2 + \dfrac{31}{4}$ より、
グラフは右図になる。

→ グラフより、「x の値にかかわらず、つねに $y > 0$」
　　　　　　　　　　　　（すべての実数 x で）

※ $x^2 - 3x + 10 > 0$ なので、$x^2 - 3x + 10 \leq 0$ は存在しない!!

【参考】

y の範囲	$y \leq 0$	$y \geq 0$	$y < 0$	$y > 0$
解	解なし	すべての実数	解なし	すべての実数

解答

$y = x^2 - 3x + 10$
$ = \left(x - \dfrac{3}{2}\right)^2 + \dfrac{31}{4}$ より、
グラフは右図になる。

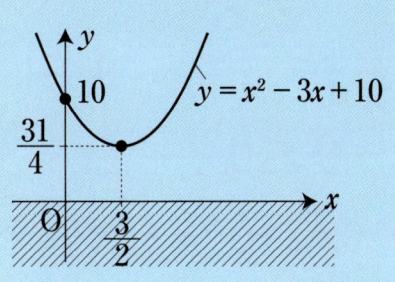

これより、グラフは常に x 軸の上 ($y > 0$) にあり、
$x^2 - 3x + 10 \leq 0$ を満たす実数 x は、
存在しない。

A. 解なし

テーマ95 2次不等式（2次不等式⑦）

問

連立不等式
$$\begin{cases} x^2 - 9 \leq 0 \\ x^2 - x > 0 \end{cases}$$
を解け。

初動

$x^2 - 9 \leq 0 \longrightarrow (x+3)(x-3) \leq 0$

$x^2 - x > 0 \longrightarrow x(x-1) > 0$

として、それぞれを
数直線上で範囲をかいてみる！

解法のポイント

① $(x+3)(x-3) \leqq 0$

→ $-3 \leqq x \leqq 3$ を表す数直線。

② $x(x-1) > 0$

→ $x < 0,\ 1 < x$ を表す数直線。

→ ①と②の共通範囲が解！！

解答

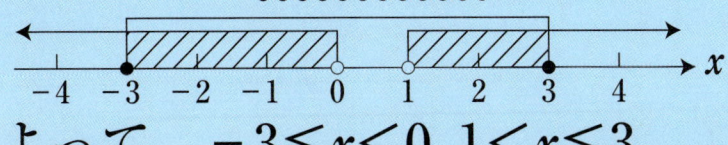

$x^2 - 9 = (x+3)(x-3) \leqq 0$ より、
$$-3 \leqq x \leqq 3$$
$x^2 - x = x(x-1) > 0$ より、
$$x < 0,\ 1 < x$$

よって、$-3 \leqq x < 0,\ 1 < x \leqq 3$

A. $-3 \leqq x < 0,\ 1 < x \leqq 3$

テーマ96　2次不等式（2次不等式⑧）

問

$x^2 + mx + 4 > 0$ が、
すべての実数 x で成り立つように、
m の値を定めよ。

初動

すべての実数 x で成り立つ
‖
$y = x^2 + mx + 4$ とおくと、
すべての実数 x で $y > 0$ ということ！

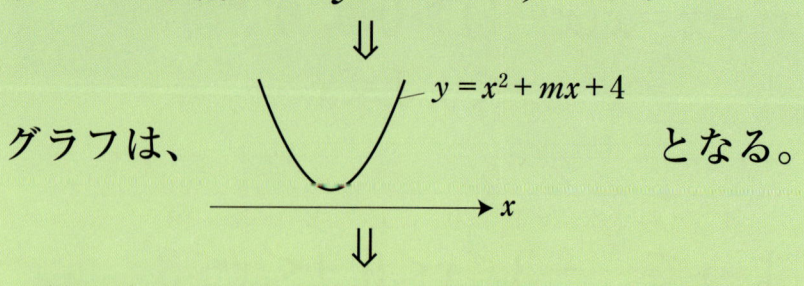

⇓

グラフは、（$y = x^2 + mx + 4$ のグラフ）となる。

⇓

x 軸と交わらないということとイコールなので、
判別式 $D = m^2 - 4 \times 1 \times 4 < 0$ をつくるだけ！

解法のポイント

$y = ax^2 + bx + c$ について、
判別式 $D = b^2 - 4ac < 0$ のとき、
グラフと x 軸は交わらない！
→次の 2 通り！

①グラフが x 軸の上

$y = ax^2 + bx + c$

$\begin{cases} a > 0 \to \text{グラフは下に凸} \\ \text{すべての実数 } x \text{ で、} y > 0 \end{cases}$

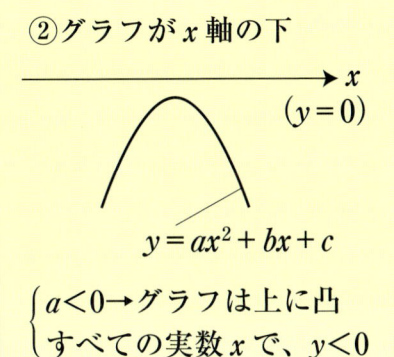

②グラフが x 軸の下

$y = ax^2 + bx + c$

$\begin{cases} a < 0 \to \text{グラフは上に凸} \\ \text{すべての実数 } x \text{ で、} y < 0 \end{cases}$

解答

すべての実数 x で成り立つということは、
$y = x^2 + mx + 4$ とおいたときの
判別式 $D < 0$ ということなので、
$D = m^2 - 4 \times 1 \times 4$
$= m^2 - 16 < 0$
よって、$(m+4)(m-4) < 0$ より
$-4 < m < 4$

A. $-4 < m < 4$

テーマ97 三角比・図形①（三角比の基本）

問

下図の直角三角形を参考に、$\sin\theta, \cos\theta, \tan\theta$ の値を求めよ。

初動

s, c, t の筆記体で覚えておく！

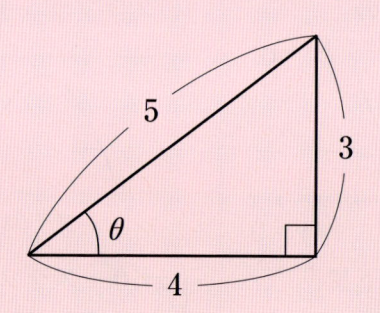

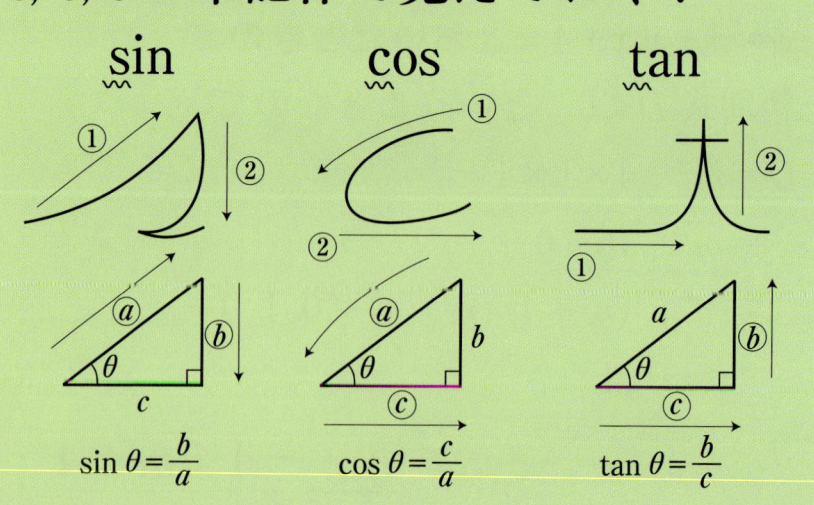

$$\sin\theta = \frac{b}{a} \quad \cos\theta = \frac{c}{a} \quad \tan\theta = \frac{b}{c}$$

解法のポイント

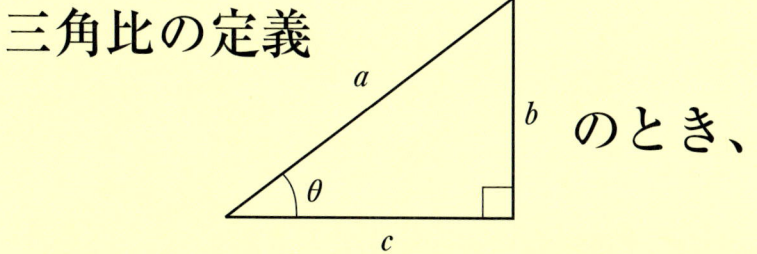

三角比の定義

図のような直角三角形において、θ の対辺 b、斜辺 a、隣辺 c のとき、

$$\begin{cases} \sin\theta = \dfrac{b}{a} \quad (\sin のことを「正弦」という) \\ \cos\theta = \dfrac{c}{a} \quad (\cos のことを「余弦」という) \\ \tan\theta = \dfrac{b}{c} \quad (\tan のことを「正接」という) \end{cases}$$

解答

$\sin\theta = \dfrac{3}{5}$

$\cos\theta = \dfrac{4}{5}$

$\tan\theta = \dfrac{3}{4}$

A. $\sin\theta = \dfrac{3}{5}$, $\cos\theta = \dfrac{4}{5}$, $\tan\theta = \dfrac{3}{4}$

テーマ98 三角比・図形①（45°の三角比）

問

$\sin 45°$, $\cos 45°$, $\tan 45°$ の値を求めよ。

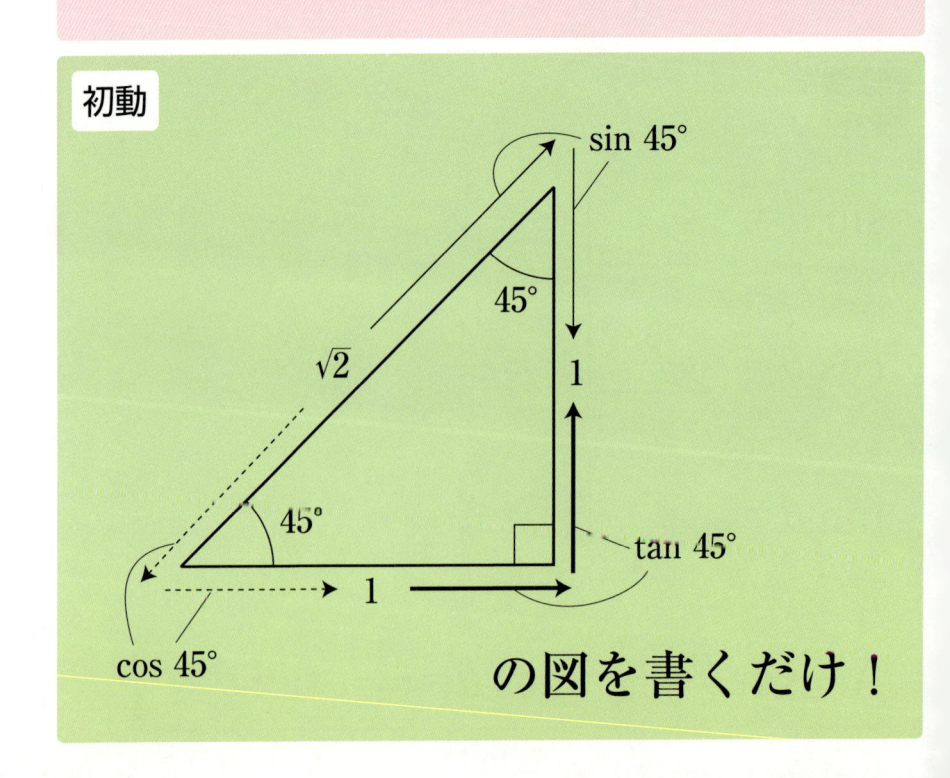

初動

の図を書くだけ！

解法のポイント

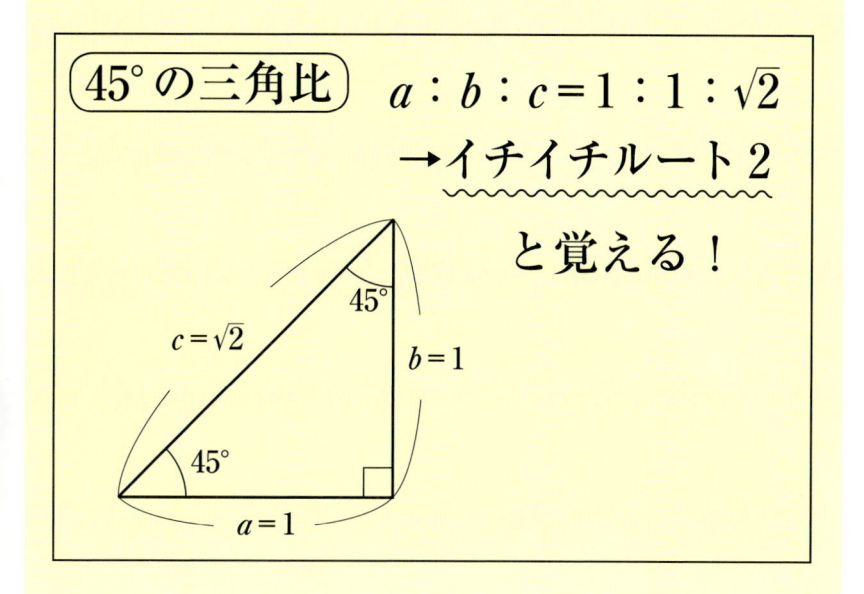

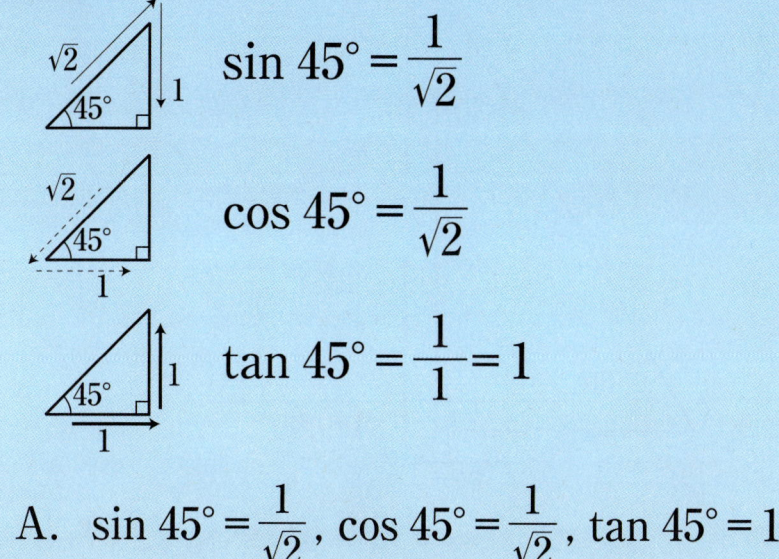

45°の三角比　$a:b:c = 1:1:\sqrt{2}$

→ イチイチルート2 と覚える！

$c = \sqrt{2}$, $b = 1$, $a = 1$, 45°, 45°

解答

$\sin 45° = \dfrac{1}{\sqrt{2}}$

$\cos 45° = \dfrac{1}{\sqrt{2}}$

$\tan 45° = \dfrac{1}{1} = 1$

A. $\sin 45° = \dfrac{1}{\sqrt{2}}$, $\cos 45° = \dfrac{1}{\sqrt{2}}$, $\tan 45° = 1$

テーマ99 三角比・図形①（60°の三角比）

問

$\sin 60°, \cos 60°, \tan 60°$ の値を求めよ。

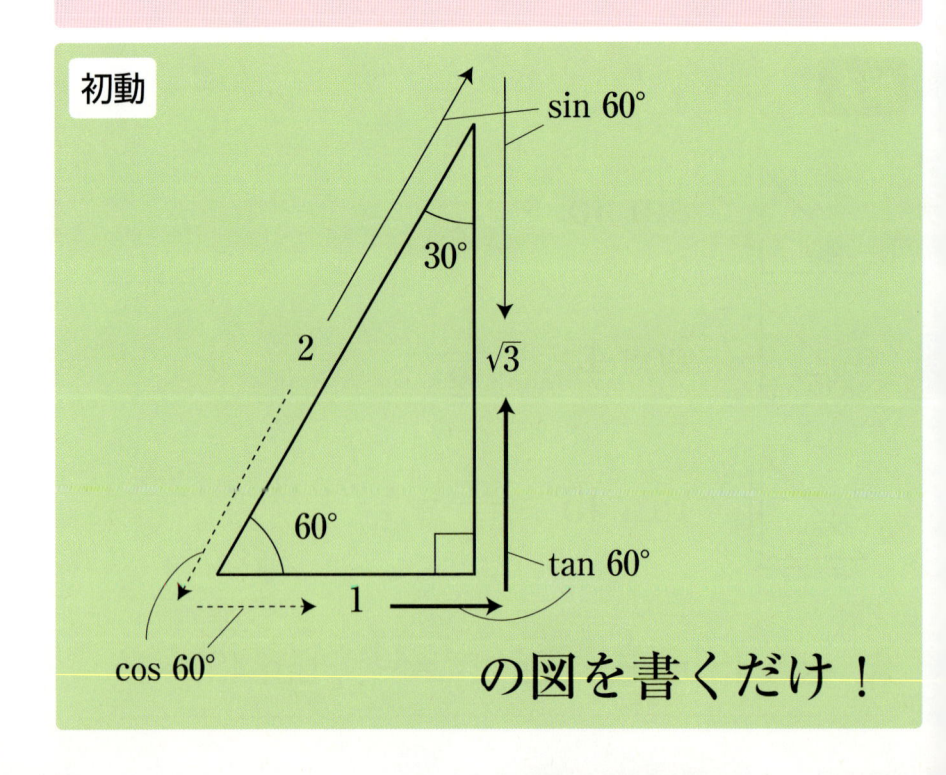

初動

の図を書くだけ！

解法のポイント

60°の三角比 $a:b:c = 2:1:\sqrt{3}$
→ ニーイチルート3
と覚える！

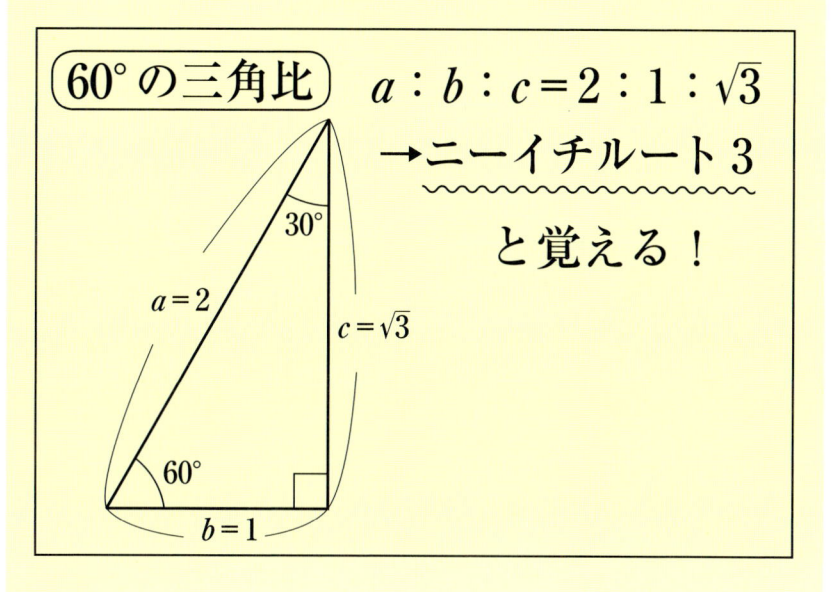

図：直角三角形で、$a=2$、$b=1$、$c=\sqrt{3}$、角度 60°、30°

解答

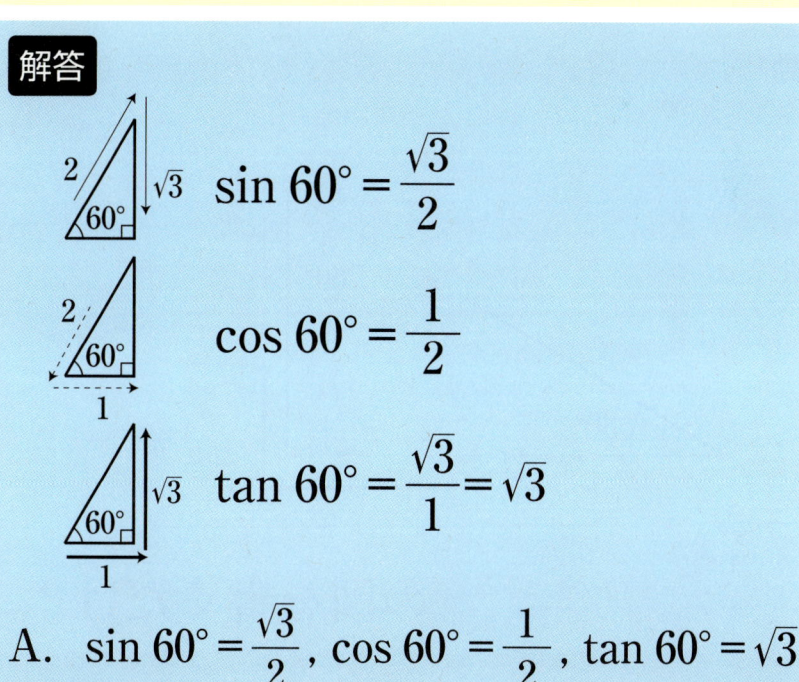

$\sin 60° = \dfrac{\sqrt{3}}{2}$

$\cos 60° = \dfrac{1}{2}$

$\tan 60° = \dfrac{\sqrt{3}}{1} = \sqrt{3}$

A. $\sin 60° = \dfrac{\sqrt{3}}{2}$, $\cos 60° = \dfrac{1}{2}$, $\tan 60° = \sqrt{3}$

| テーマ 100 | **三角比・図形① （30°の三角比）** |

問

$\sin 30°, \cos 30°, \tan 30°$ の値を求めよ。

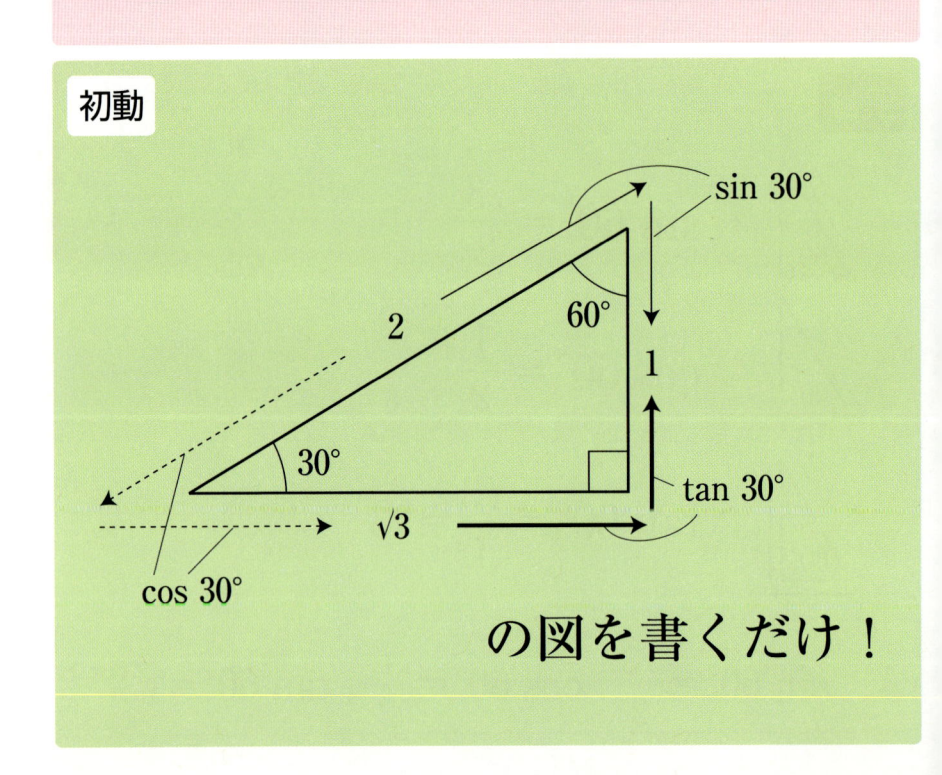

初動

30°, 60°, 90° の直角三角形（斜辺 2、底辺 $\sqrt{3}$、高さ 1）の図を書くだけ！
（$\cos 30°$ は底辺 $\sqrt{3}$、$\sin 30°$ は高さ 1、$\tan 30°$ は高さ ÷ 底辺）

の図を書くだけ！

解法のポイント

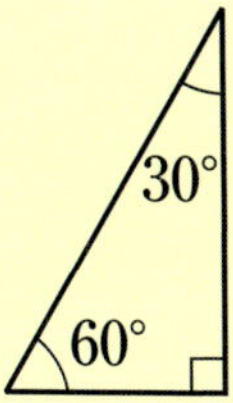

30°, 60° の直角三角形 と 60°, 30° の直角三角形 は同じ三角形！

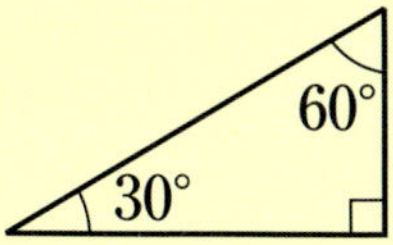

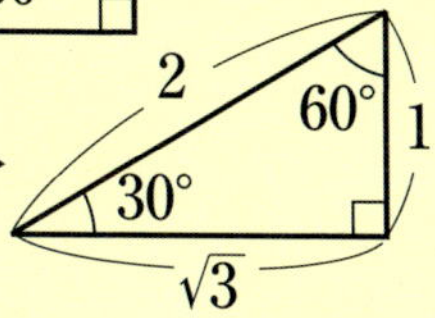

→ 辺の比 $2 : 1 : \sqrt{3}$（斜辺2、60°の対辺$\sqrt{3}$、30°の対辺1）の比率から6個の三角比が求まる！！

―頻出なので、丸暗記！―

$\sin 30° = \dfrac{1}{2}$, $\cos 30° = \dfrac{\sqrt{3}}{2}$, $\tan 30° = \dfrac{1}{\sqrt{3}}$

$\sin 60° = \dfrac{\sqrt{3}}{2}$, $\cos 60° = \dfrac{1}{2}$, $\tan 60° = \sqrt{3}$

解答

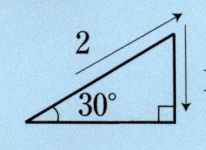

$\sin 30° = \dfrac{1}{2}$

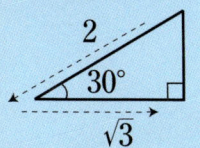

$\cos 30° = \dfrac{\sqrt{3}}{2}$

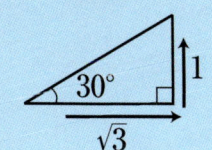

$\tan 30° = \dfrac{1}{\sqrt{3}} \left(= \dfrac{\sqrt{3}}{3} \right)$

A. $\sin 30° = \dfrac{1}{2}$, $\cos 30° = \dfrac{\sqrt{3}}{2}$, $\tan 30° = \dfrac{1}{\sqrt{3}}$

テーマ101 三角比・図形①（三角比の相互関係①）

問

$\cos\theta = \dfrac{3}{5}$ のとき、$\sin\theta$ の値を求めよ。
（ただし、θ は鋭角とする。）

初動

― 公式 ―
$\sin^2\theta + \cos^2\theta = 1$

に当てはめるだけ！

解法のポイント

> **三角比の相互関係の公式**
> ① $\tan\theta = \dfrac{\sin\theta}{\cos\theta}$ ② $\sin^2\theta + \cos^2\theta = 1$
> ③ $1 + \tan^2\theta = \dfrac{1}{\cos^2\theta}$

⇑
超重要なので、絶対に丸暗記しておくこと！

「ただし、θ は鋭角（$0° < \theta < 90°$）とする。」とあったら、
$\sin\theta > 0,\ \cos\theta > 0,\ \tan\theta > 0$　ということ！！

解答

$\cos\theta = \dfrac{3}{5}$ を公式 $\sin^2\theta + \cos^2\theta = 1$ に
代入して、$\sin\theta$ を求めると、
$\sin^2\theta + \left(\dfrac{3}{5}\right)^2 = 1$
よって、
$\sin\theta = \pm\sqrt{1 - \left(\dfrac{3}{5}\right)^2}$
　　　 $= \pm\sqrt{\dfrac{25}{25} - \dfrac{9}{25}}$
　　　 $= \pm\sqrt{\dfrac{16}{25}}$
　　　 $= \pm\dfrac{4}{5}$

ここで θ は鋭角なので、
$\sin\theta > 0$
よって、$\sin\theta = \dfrac{4}{5}$

A. $\dfrac{4}{5}$

テーマ102 三角比・図形①（三角比の相互関係②）

問

$\sin\theta = \dfrac{2}{5}$ のとき、$\tan\theta$ の値を求めよ。
（ただし、θ は鋭角とする。）

初動

まず、$\sin^2\theta + \cos^2\theta = 1$ に、$\sin\theta = \dfrac{2}{5}$ を当てはめて、$\cos\theta$ の値を求める！

⇩

その後、$\tan\theta = \dfrac{\sin\theta}{\cos\theta}$ を使って、$\tan\theta$ の値を求める！

解法のポイント

三角比の相互関係の公式

① $\tan\theta = \dfrac{\sin\theta}{\cos\theta}$　② $\sin^2\theta + \cos^2\theta = 1$

③ $1 + \tan^2\theta = \dfrac{1}{\cos^2\theta}$

→　②→①を使う!!

(θは鋭角（$0° < \theta < 90°$）なので、
$\sin\theta > 0$, $\cos\theta > 0$, $\tan\theta > 0$)

解答

$\sin\theta = \dfrac{2}{5}$ を公式 $\sin^2\theta + \cos^2\theta = 1$ に代入すると、

$\cos\theta = \pm\sqrt{1 - \left(\dfrac{2}{5}\right)^2} = \pm\sqrt{\dfrac{21}{25}}$

　　　$= \pm\dfrac{\sqrt{21}}{5}$

θは鋭角なので、$\cos\theta > 0$　より、

$\cos\theta = \dfrac{\sqrt{21}}{5}$

次に、$\tan\theta = \dfrac{\sin\theta}{\cos\theta}$　より、

$\tan\theta = \dfrac{\frac{2}{5}\,(=\sin\theta)}{\frac{\sqrt{21}}{5}\,(=\cos\theta)} = \dfrac{2}{5} \div \dfrac{\sqrt{21}}{5} = \dfrac{2}{\sqrt{21}}$

　　　$= \dfrac{2\sqrt{21}}{21}$

A. $\dfrac{2\sqrt{21}}{21}$

テーマ103　三角比・図形①（三角比の相互関係③）

問

$\tan\theta = \dfrac{1}{\sqrt{3}}$ のとき、$\cos\theta$ の値を求めよ。
（ただし、θ は鋭角とする。）

初動

$\tan\theta$ がわかっていて、$\cos\theta$ がわかっていない

$\Downarrow$

$1 + \tan^2\theta = \dfrac{1}{\cos^2\theta}$ に

$\tan\theta = \dfrac{1}{\sqrt{3}}$ を当てはめるだけ！

解法のポイント

> **三角比の相互関係の公式**
> ① $\tan\theta = \dfrac{\sin\theta}{\cos\theta}$ ② $\sin^2\theta + \cos^2\theta = 1$
> ③ $1 + \tan^2\theta = \dfrac{1}{\cos^2\theta}$

→ ③を使う！！

(θ は鋭角($0° < \theta < 90°$)なので、
$\sin\theta > 0,\ \cos\theta > 0,\ \tan\theta > 0$)

解答

$\tan\theta = \dfrac{1}{\sqrt{3}}$ を公式 $1 + \tan^2\theta = \dfrac{1}{\cos^2\theta}$ に代入すると、

$$\dfrac{1}{\cos^2\theta} = 1 + \left(\dfrac{1}{\sqrt{3}}\right)^2$$
$$= 1 + \dfrac{1}{3} = \dfrac{4}{3}$$

よって、$\cos^2\theta = \dfrac{3}{4}$ より、$\cos\theta = \pm\dfrac{\sqrt{3}}{2}$

ここで、θ は鋭角なので、$\cos\theta > 0$ より、

$\cos\theta = \dfrac{\sqrt{3}}{2}$

A. $\dfrac{\sqrt{3}}{2}$

テーマ 104　三角比・図形①（鈍角 [90°＜θ＜180°] の三角比①）

問

$\sin 150°$ を求めよ。

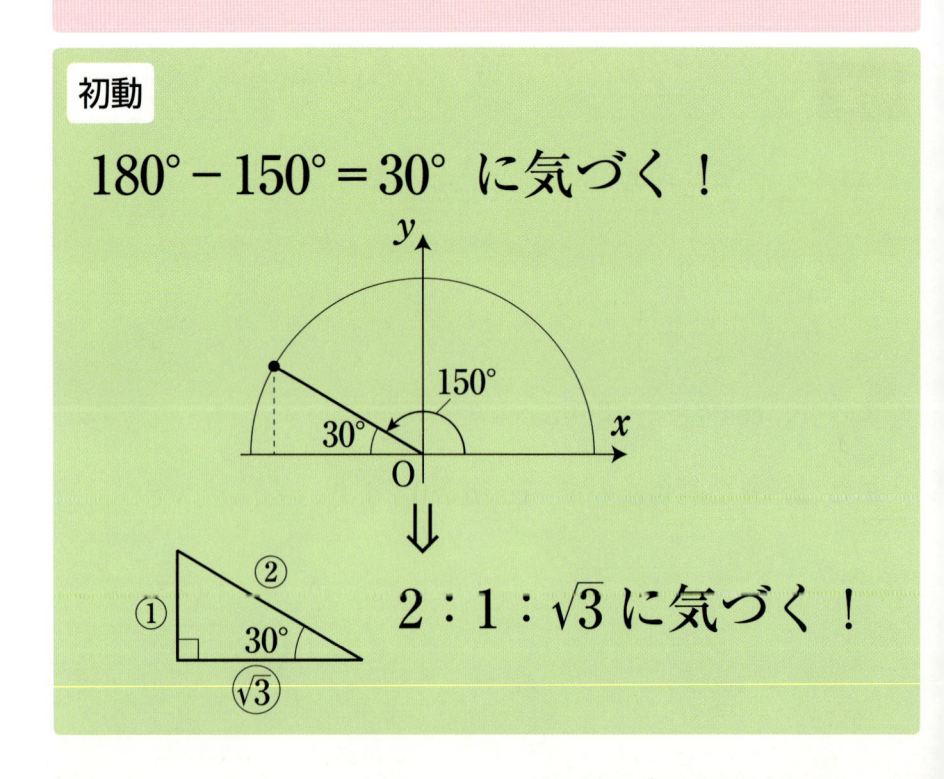

初動

$180° - 150° = 30°$ に気づく！

⇒ $2 : 1 : \sqrt{3}$ に気づく！

解法のポイント

鈍角（$90° < \theta_1 < 180°$）の三角比は、鋭角（$0° < \theta_2 < 90°$）の三角比から求められる！！

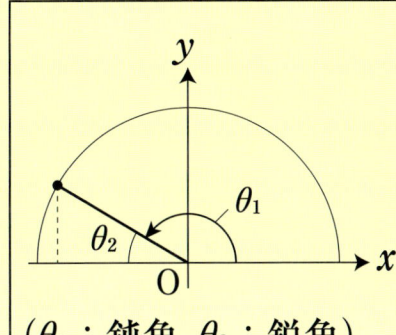

$180° - \theta_1 = \theta_2$ のとき、
$$\begin{cases} \sin \theta_1 = \sin \theta_2 \\ \cos \theta_1 = -\cos \theta_2 \\ \tan \theta_1 = -\tan \theta_2 \end{cases}$$

（θ_1：鈍角, θ_2：鋭角）

解答

$180° - 150° = 30°$ より、

$\sin 150° = \sin 30° = \dfrac{1}{2}$

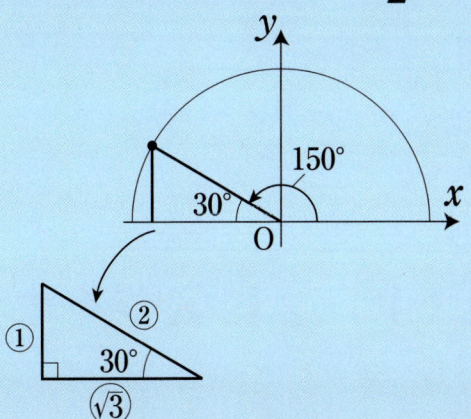

A. $\dfrac{1}{2}$

テーマ 105 三角比・図形① (鈍角 [90°< θ <180°] の三角比②)

問

$\cos 135°$ を求めよ。

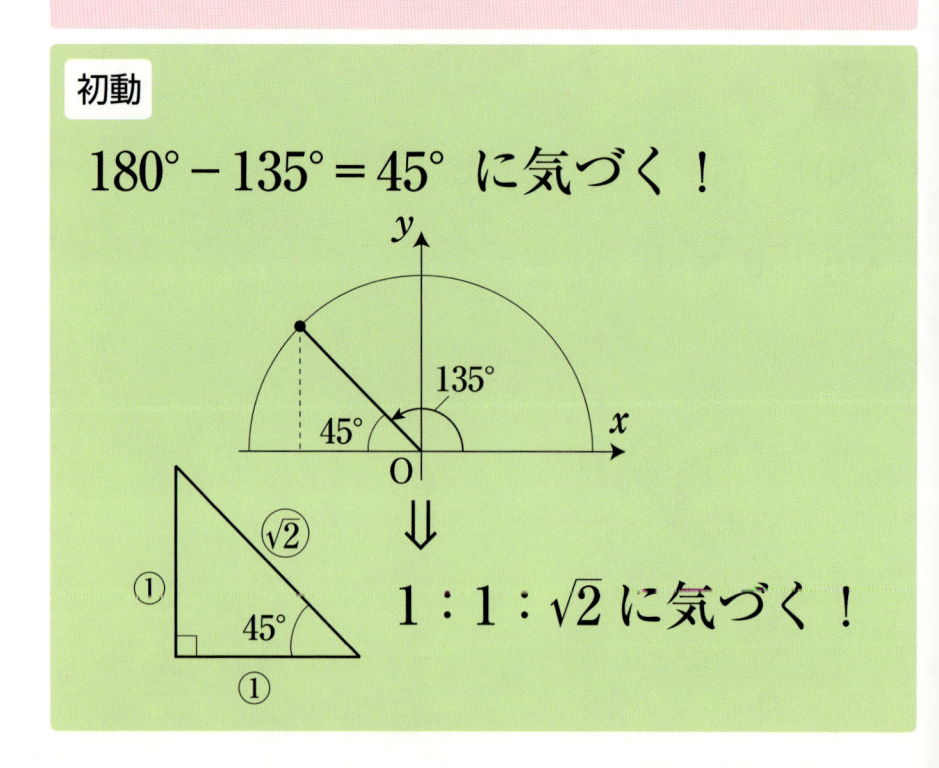

初動

$180° - 135° = 45°$ に気づく！

⇒ $1 : 1 : \sqrt{2}$ に気づく！

解法のポイント

鈍角($90°<\theta_1<180°$)の cos は、符号が変わることに注意して、鋭角($0°<\theta_2<90°$)の cos から求める!!

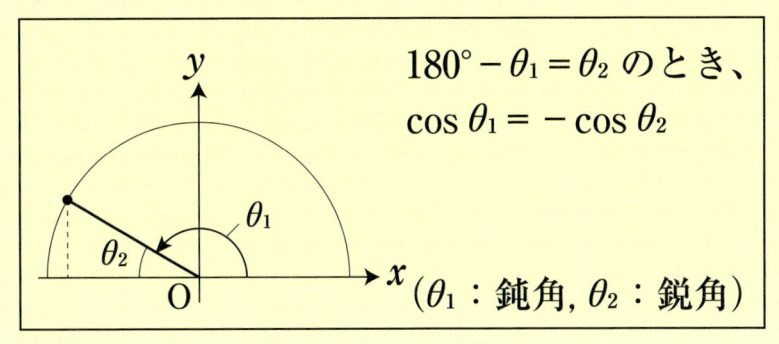

$180°-\theta_1=\theta_2$ のとき、
$\cos\theta_1=-\cos\theta_2$

(θ_1：鈍角, θ_2：鋭角)

解答

$180°-135°=45°$　より、
$\cos 135°=-\cos 45°=-\dfrac{1}{\sqrt{2}}$

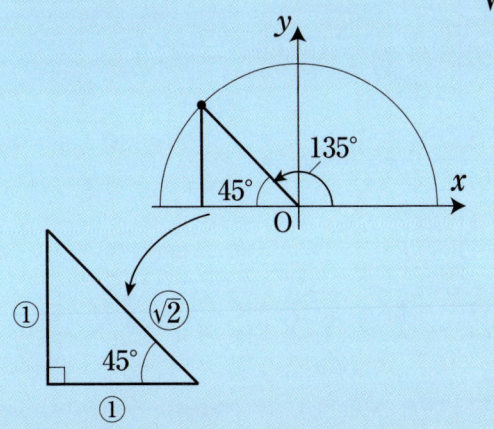

A. $-\dfrac{1}{\sqrt{2}}$

テーマ 106　三角比・図形① (鈍角 [90°<θ<180°] の三角比③)

問

$\tan 120°$ を求めよ。

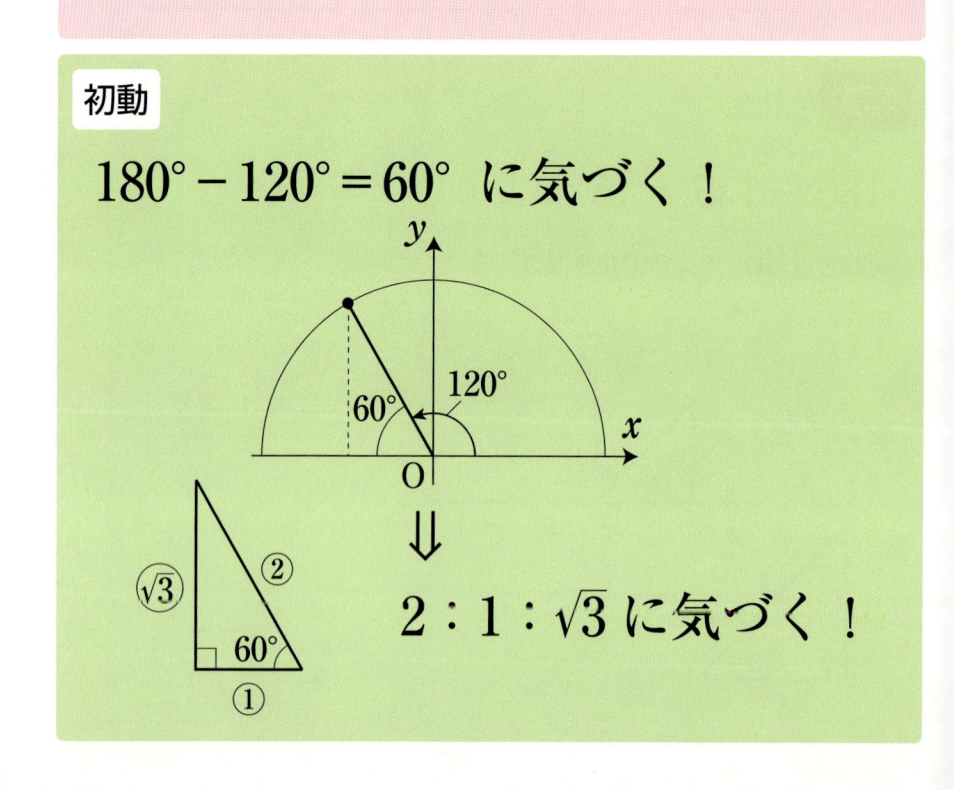

初動

$180° - 120° = 60°$ に気づく！

$\Downarrow$

$2 : 1 : \sqrt{3}$ に気づく！

解法のポイント

鈍角（$90° < \theta_1 < 180°$）の tan は、符号が変わることに注意して、鋭角（$0° < \theta_2 < 90°$）の tan から求める！！

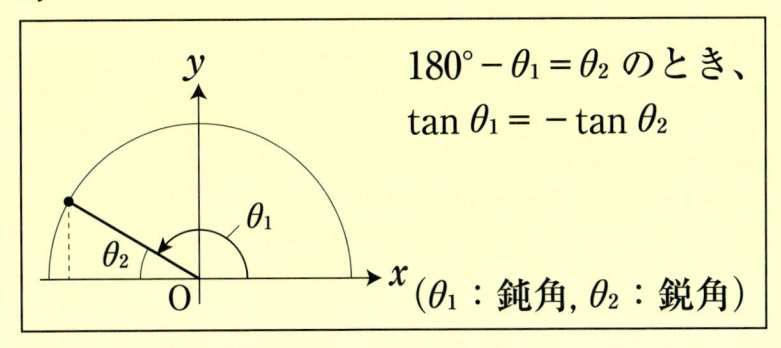

$180° - \theta_1 = \theta_2$ のとき、
$\tan \theta_1 = -\tan \theta_2$

（θ_1：鈍角, θ_2：鋭角）

解答

$180° - 120° = 60°$ より、

$\tan 120° = -\tan 60° = -\sqrt{3}$

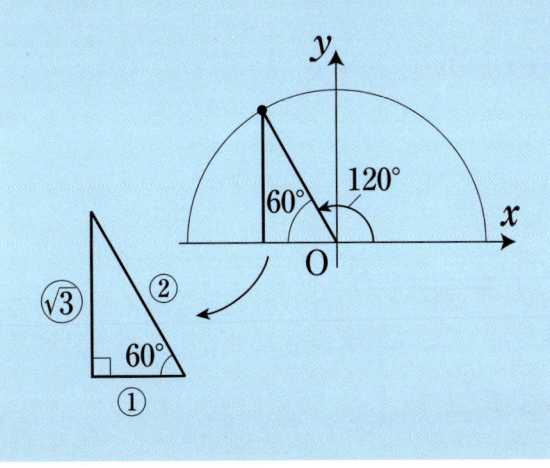

A. $-\sqrt{3}$

テーマ107 三角比・図形①（180°−θ の三角比）

問

$\sin 109°$ を求めよ。
ただし、
$\sin 71° = 0.9455$,
$\cos 71° = 0.3256$,
$\tan 71° = 2.9042$ とする。

初動

$109° = 180° − 71°$ に気づく！
$\Downarrow$
$\sin 109° = \sin(180° − 71°)$
$\Downarrow$

── 公式 ──
$\sin(180° − \theta) = \sin\theta$

に当てはめるだけ！

解法のポイント

(180°−θ)の三角比の公式

① $\sin(180°-\theta) = \sin\theta$
② $\cos(180°-\theta) = -\cos\theta$
③ $\tan(180°-\theta) = -\tan\theta$

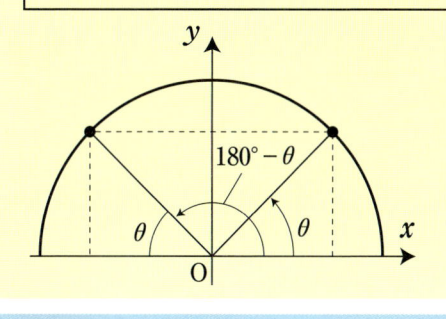

← 超重要なので、丸暗記！！

解答

$\sin 109° = \sin(180° - 71°)$

ここで、

$\sin(180° - \theta) = \sin\theta$ なので、

$\sin(180° - 71°) = \sin 71°$
$\qquad\qquad\quad = 0.9455$

A. $\underline{0.9455}$

テーマ108 三角比・図形①（90°−θの三角比）

問

$\cos 53°$ を求めよ。
ただし、
$\sin 37° = 0.6018,$
$\cos 37° = 0.7986,$
$\tan 37° = 0.7536$　とする。

初動

$53° = 90° − 37°$ に気づく！
$\Downarrow$
$\cos 53° = \cos(90° − 37°)$
$\Downarrow$

───── 公式 ─────
$$\cos(90° − \theta) = \sin \theta$$

に当てはめるだけ！

解法のポイント

$(90°-\theta)$ の三角比の公式
① $\sin(90°-\theta) = \cos\theta$
② $\cos(90°-\theta) = \sin\theta$
③ $\tan(90°-\theta) = \dfrac{1}{\tan\theta}$

⇐ 超重要なので、丸暗記！！

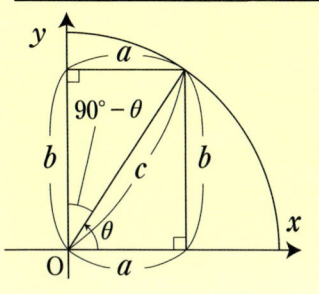

$$\begin{cases} \sin\theta = \dfrac{b}{c} \\ \cos\theta = \dfrac{a}{c} \\ \tan\theta = \dfrac{b}{a} \end{cases} \quad \begin{matrix} \text{同じ} \\ \longleftrightarrow \\ \text{逆数} \end{matrix} \quad \begin{cases} \sin(90°-\theta) = \dfrac{a}{c} \\ \cos(90°-\theta) = \dfrac{b}{c} \\ \tan(90°-\theta) = \dfrac{a}{b} \end{cases}$$

解答

$\cos 53° = \cos(90°-37°)$
ここで、
$\cos(90°-\theta) = \sin\theta$ なので、
$\cos(90°-37°) = \sin 37°$
$ = 0.6018$

$\sin 37° = \cos(90°-37°)$
$180° - 90° - 37°$
$= 90° - 37°$

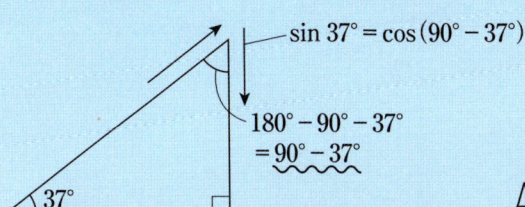

A. 0.6018

テーマ109 三角比・図形② (等式から角度を求める)

問

$\sin\theta = \dfrac{1}{2}$ を満たす θ を求めよ。
ただし、$0° \leqq \theta \leqq 180°$ とする。

初動

単位円をかいてみる！

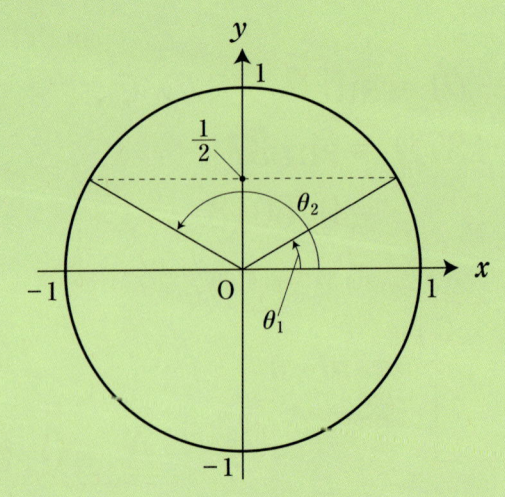

解法のポイント

単位円：原点 $(0, 0)$ を中心とする半径 1 の円のこと！

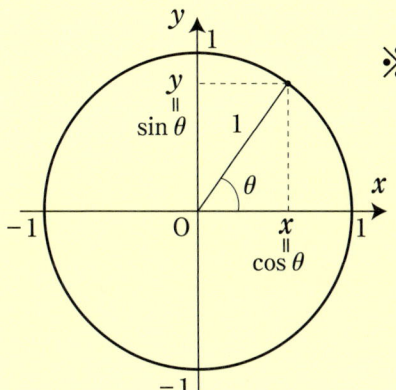

※単位円周上の点の座標 (x, y) は、

$$\begin{cases} x = \cos\theta \\ y = \sin\theta \end{cases}$$

丸暗記!!

と表せる！

解答

$0° \leqq \theta \leqq 180°$ の範囲では、$\sin\theta = \dfrac{1}{2}$ となる θ は2つある。

θ_1, θ_2 とすると、$\theta_1 = 30°$

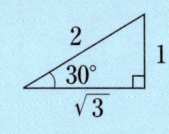

図より、点 P と P′ は x 軸に関して対称なので、
$\theta_2 = 180° - \theta_1 = 180° - 30° = 150°$

A. $30°$, $150°$

テーマ110　三角比・図形②（不等式から角度の範囲を求める）

問

$\dfrac{1}{\sqrt{2}} \leqq \cos\theta \leqq 1$ のとき、
θ の範囲を求めよ。
ただし、$0° \leqq \theta \leqq 180°$ とする。

初動

$\cos\theta = \dfrac{1}{\sqrt{2}}$ のとき、$\theta = 45°$
$\cos\theta = 1$ のとき、$\theta = 0°$
　　　　　（ただし、$0° \leqq \theta \leqq 180°$）
に気づく！

解法のポイント

単位円周上では、$(x, y) = (\cos\theta, \sin\theta)$!!

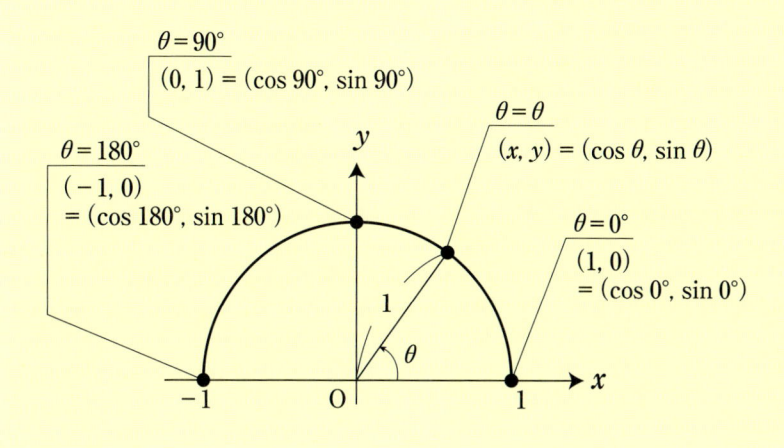

- $\theta = 90°$
  $(0, 1) = (\cos 90°, \sin 90°)$
- $\theta = 180°$
  $(-1, 0) = (\cos 180°, \sin 180°)$
- $\theta = \theta$
  $(x, y) = (\cos\theta, \sin\theta)$
- $\theta = 0°$
  $(1, 0) = (\cos 0°, \sin 0°)$

解答

$0° \leqq \theta \leqq 180°$ の範囲では、

$\cos\theta = \dfrac{1}{\sqrt{2}}$ のとき、$\theta = 45°$

$\cos\theta = 1$ のとき、$\theta = 0°$

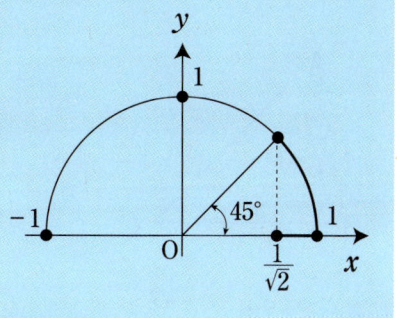

よって図より、$\dfrac{1}{\sqrt{2}} \leqq \cos\theta \leqq 1$ のとき、
θ の範囲は、$0° \leqq \theta \leqq 45°$

A. $0° \leqq \theta \leqq 45°$

テーマ111 三角比・図形②（正弦定理①）

問

次の△ABCにおいて、
∠A = 60°, ∠C = 45°, c = 10
であるとき、a を求めよ。

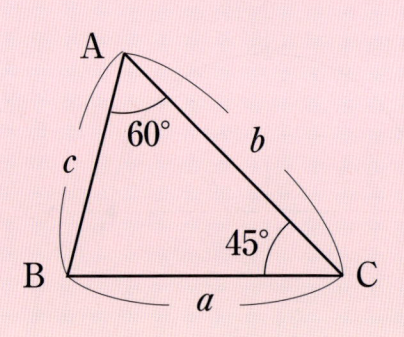

初動

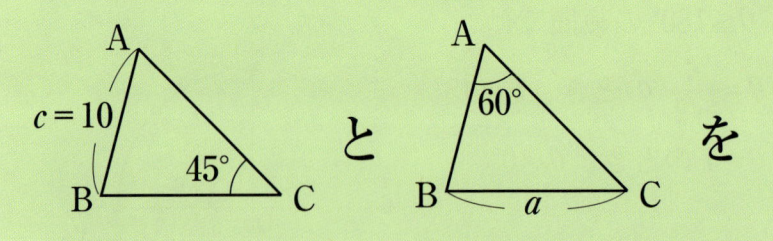

正弦定理 $\dfrac{a}{\sin A} = \dfrac{c}{\sin C}$ に当てはめる！

→ $\dfrac{a}{\sin 60°} = \dfrac{10}{\sin 45°}$

解法のポイント

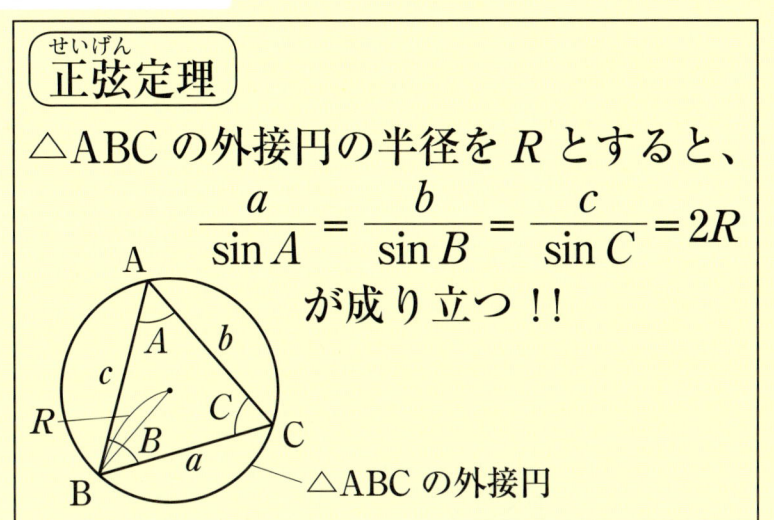

正弦定理（せいげん）

$\triangle ABC$ の外接円の半径を R とすると、

$$\frac{a}{\sin A} = \frac{b}{\sin B} = \frac{c}{\sin C} = 2R$$

が成り立つ！！

△ABC の外接円

※三角形の外接円…3つの頂点を通る円

解答

正弦定理より

$$\frac{a}{\sin 60°} = \frac{10}{\sin 45°}$$

よって、$a = \dfrac{10}{\sin 45°} \times \sin 60°$

ここで、$\sin 45° = \dfrac{1}{\sqrt{2}}$, $\sin 60° = \dfrac{\sqrt{3}}{2}$ なので、

$$a = \frac{10}{\frac{1}{\sqrt{2}}} \times \frac{\sqrt{3}}{2} = 10 \times \sqrt{2} \times \frac{\sqrt{3}}{2}$$

$$= 5\sqrt{6}$$

A. $5\sqrt{6}$

テーマ112 三角比・図形②（正弦定理②）

問

次の△ABCにおいて、∠A = 30°, $a = 20$ のとき、外接円の半径 R を求めよ。

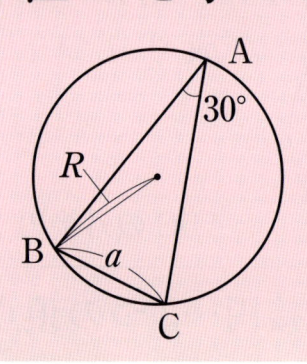

初動

外接円の半径 R を求める

⇩

正弦定理 $\dfrac{a}{\sin A} = \dfrac{b}{\sin B} = \dfrac{c}{\sin C} = 2R$ を使う！

⇩

$\dfrac{a}{\sin 30°} = 2R$ を計算するだけ！

解法のポイント

外接円の半径の求め方

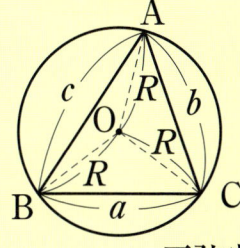

正弦定理
$$\frac{a}{\sin A} = \frac{b}{\sin B} = \frac{c}{\sin C} = 2R$$
を使う!!

正弦定理は、次の形で使うことも多い!!

$$\begin{cases} a = 2R \sin A \\ b = 2R \sin B \\ c = 2R \sin C \end{cases}$$

解答

正弦定理より
$$2R = \frac{20}{\sin 30°}$$

ここで $\sin 30° = \dfrac{1}{2}$ より、

$$2R = \frac{20}{\frac{1}{2}}$$
$$2R = 20 \times 2$$
$$R = 20$$

A. 20

テーマ113 三角比・図形②（余弦定理①）

問

次の△ABCにおいて、
$a=3, b=4, \angle C = 60°$ のとき、
c を求めよ。

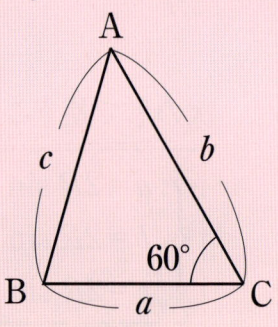

初動

なので、

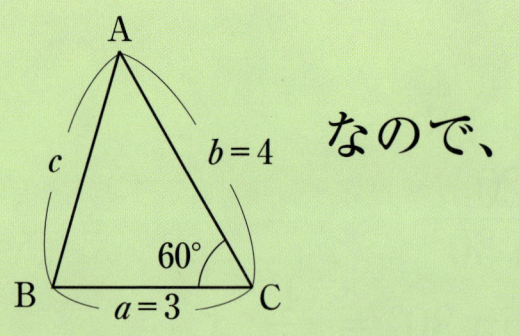

余弦定理　$c^2 = a^2 + b^2 - 2ab \cos C$
に当てはめる！

$$\Downarrow$$

$c^2 = 3^2 + 4^2 - 2 \times 3 \times 4 \cos 60°$

解法のポイント

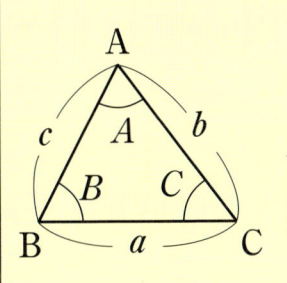

余弦定理

△ABC において、

$$\begin{cases} a^2 = b^2 + c^2 - 2bc \cos A \\ b^2 = c^2 + a^2 - 2ca \cos B \\ c^2 = a^2 + b^2 - 2ab \cos C \end{cases}$$

が成り立つ！！

解答

余弦定理より

$c^2 = 3^2 + 4^2 - 2 \times 3 \times 4 \cos 60°$

$= 9 + 16 - 2 \times 3 \times 4 \times \dfrac{1}{2}$ （$\cos 60° = \dfrac{1}{2}$）

$= 13$

$c = \pm\sqrt{13}$

$c > 0$ なので、

$c = \sqrt{13}$

A. $\sqrt{13}$

テーマ114 三角比・図形② (余弦定理②)

問

次の $\triangle ABC$ において、
$a = \sqrt{5}$, $b = 2\sqrt{2}$, $c = 3$ のとき、
$\angle A$ を求めよ。

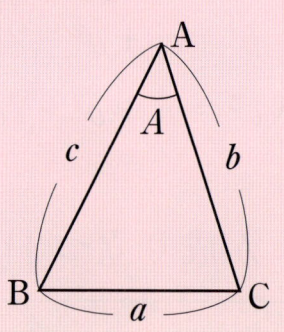

初動

なので、

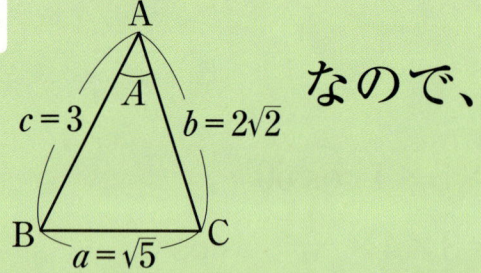

余弦定理 $a^2 = b^2 + c^2 - 2bc \cos A$
に当てはめる！

$$\Downarrow$$

$$\cos A = \frac{b^2 + c^2 - a^2}{2bc} = \frac{(2\sqrt{2})^2 + 3^2 - (\sqrt{5})^2}{2 \times 2\sqrt{2} \times 3}$$

解法のポイント

余弦定理の変形

$\angle A$ を求めたいときは、

余弦定理 $a^2 = b^2 + c^2 - 2bc \cos A$ を

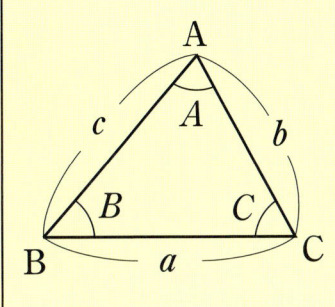

$$\cos A = \frac{b^2 + c^2 - a^2}{2bc}$$

と変形する!!

解答

余弦定理より

$$\cos A = \frac{b^2 + c^2 - a^2}{2bc} = \frac{(2\sqrt{2})^2 + 3^2 - (\sqrt{5})^2}{2 \times 2\sqrt{2} \times 3}$$

$$= \frac{12}{12\sqrt{2}}$$

$$= \frac{1}{\sqrt{2}}$$

$\angle A < 180°$ なので、

$\angle A = 45°$

A. $45°$

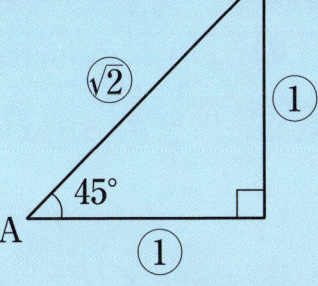

テーマ115 三角比・図形② (三角形の面積)

問

次の △ABC において、
$a=12,\ c=10,\ \angle B=45°$ のとき、面積 S を求めよ。

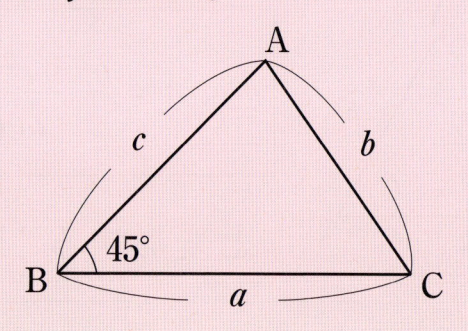

初動

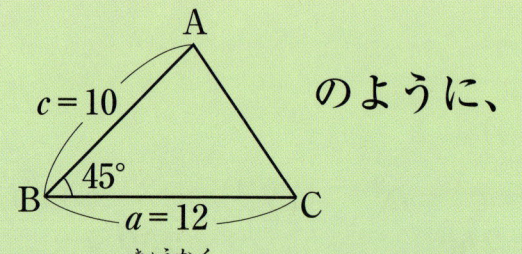

のように、2辺とその挟角(はさむ角)がわかっている場合の三角形の面積 S は、
公式 $S=\dfrac{1}{2}ac\sin B$ で計算する！

$\Rightarrow$

$$S=\dfrac{1}{2}\times 12\times 10\times \sin 45°$$

解法のポイント

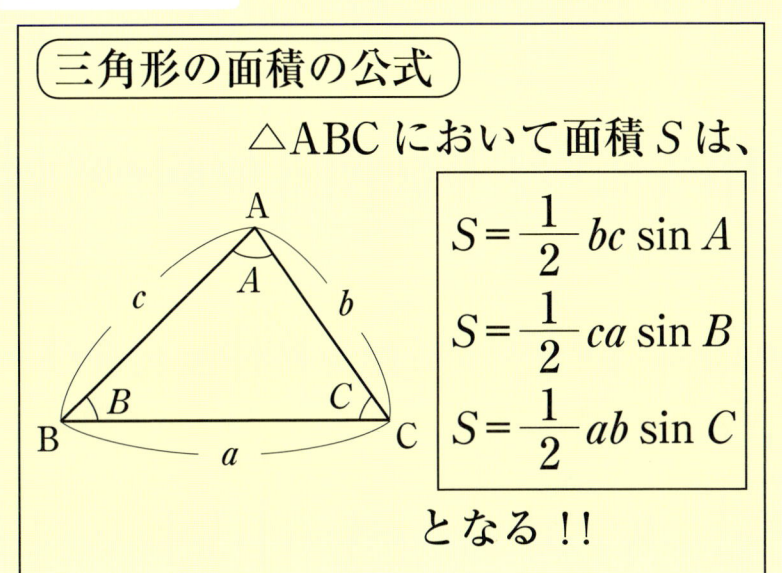

三角形の面積の公式

$\triangle ABC$ において面積 S は、

$$S = \frac{1}{2} bc \sin A$$
$$S = \frac{1}{2} ca \sin B$$
$$S = \frac{1}{2} ab \sin C$$

となる!!

解答

$\triangle ABC$ において、
$a, c, \angle B$ がわかっているので、
三角形の面積の公式より

$$S = \frac{1}{2} ac \sin B = \frac{1}{2} \times 12 \times 10 \times \sin 45°$$
$$= \frac{1}{2} \times 12 \times 10 \times \frac{1}{\sqrt{2}}$$
$$= \frac{120}{2\sqrt{2}} = \frac{60\sqrt{2}}{2}$$
$$= 30\sqrt{2}$$

A. $30\sqrt{2}$

テーマ116 三角比・図形②（正多角形の面積）

問

半径3の円に内接する正十二角形の面積 S を求めよ。

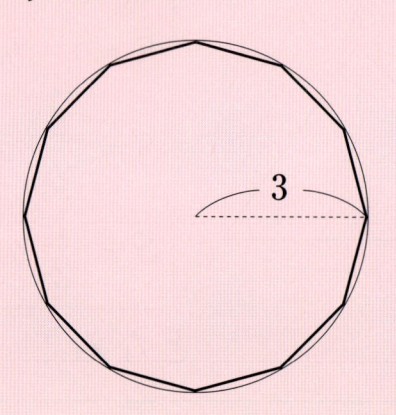

初動

正十二角形を、
12個の合同な二等辺三角形に分ける！
$\Downarrow$
1個の面積を求めて12倍するだけ！

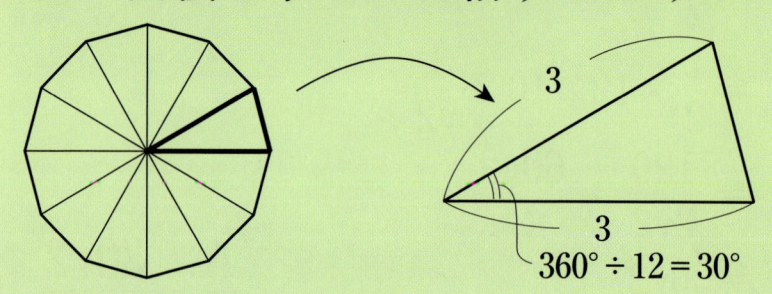

$360° \div 12 = 30°$

解法のポイント

正 n 角形は、
n 個の合同な二等辺三角形に分けられる!!

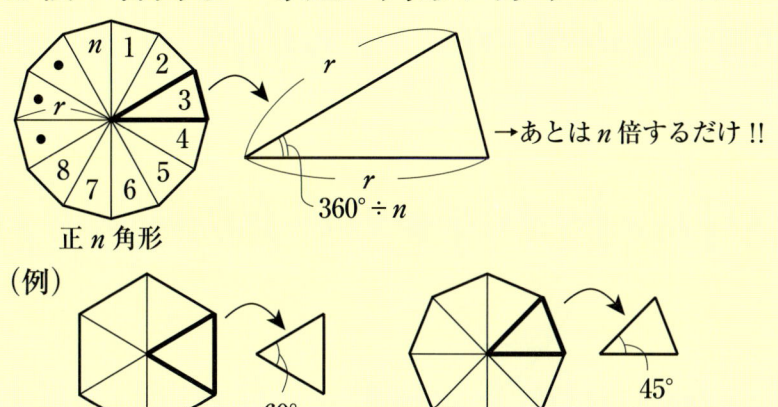

→あとは n 倍するだけ!!

正 n 角形

(例)

正六角形　60°

正八角形　45°

解答

正十二角形を12等分すると、
1つは、頂角 $360° \div 12 = 30°$、
等しい2辺が3の二等辺三角形。
よって、
$$S = \left(\frac{1}{2} \times 3 \times 3 \times \sin 30°\right) \times 12$$
$$= \left(\frac{1}{2} \times 3 \times 3 \times \frac{1}{2}\right) \times 12$$
$$= \frac{9}{4} \times 12$$
$$= 27$$

A. 27

テーマ117 三角比・図形② (球の体積)

問

半径3cmの球の体積 V を求めよ。

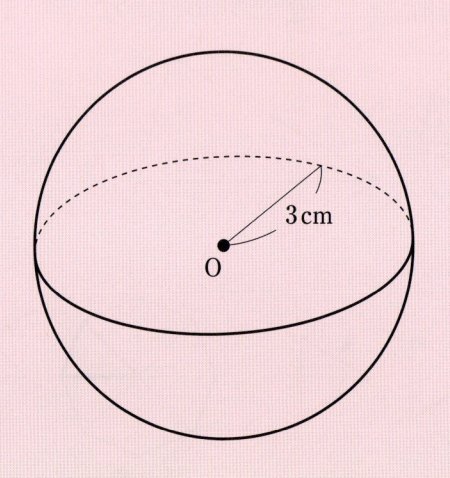

初動

球の体積の公式

$$V = \frac{4}{3}\pi r^3$$

(V：球の体積、r：球の半径)

に当てはめるだけ！

解法のポイント

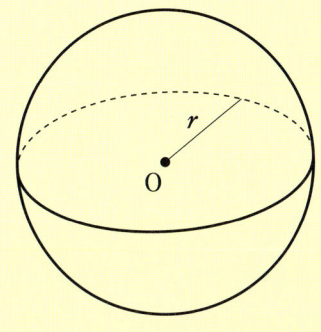

球の体積の公式

$$V = \frac{4}{3}\pi r^3$$

（Oは球の中心）

※球の体積の公式は必須！
必ず覚えよう！！

解答

$$V = \frac{4}{3}\pi \times 3^3$$
$$= \frac{4}{3}\pi \times 27$$
$$= 36\pi$$

A. $36\pi \text{cm}^3$

テーマ118 三角比・図形②（球の表面積）

問

半径 2cm の球において、表面積 S を求めよ。

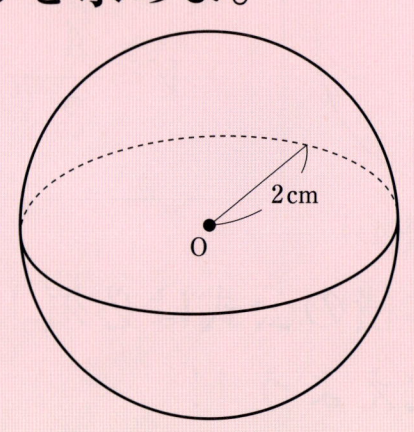

初動

球の表面積の公式

$$S = 4\pi r^2$$

（S：球の表面積、r：球の半径）

に当てはめるだけ！

解法のポイント

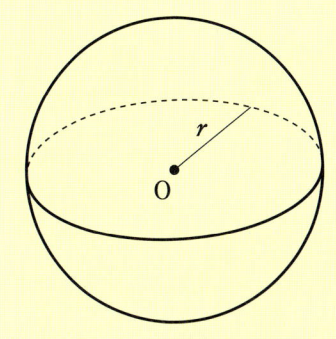

球の表面積の公式

$$S = 4\pi r^2$$

（Oは球の中心）

※球の体積の公式とともに、必ず覚えよう！
体積はrの3乗
表面積はrの2乗に要注意！！

解答

$$S = 4\pi \times 2^2$$
$$= 4\pi \times 4$$
$$= 16\pi$$

A. $16\pi \text{cm}^2$

テーマ119 三角比・図形②（相似な図形の面積比）

問

△ABCと△DEFは相似である。
BC＝2cm, EF＝3cm,
△ABCの面積が3cm²のとき、
△DEFの面積を求めよ。

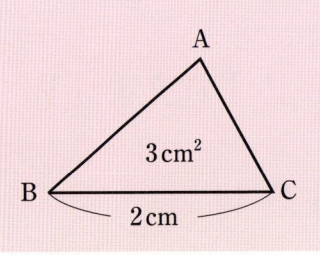

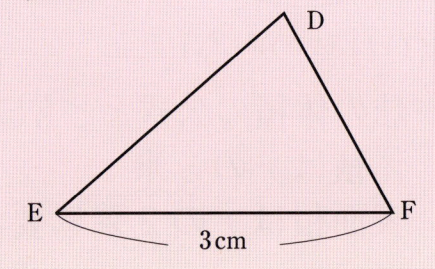

初動

△ABCと△DEFの相似比は2：3なので、
△ABCと△DEFの面積比は $2^2 : 3^2$

$2^2 : 3^2 = 3 : x$ を解くだけ！

解法のポイント

相似比が $a:b$ である図形の面積比は、$a^2:b^2$!!

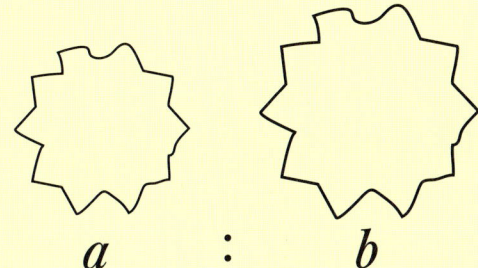

相似比	a	:	b
↓			
面積比	a^2	:	b^2

解答

△ABCと△DEFの相似比が、
BC：EF = 2：3 なので、
△ABCの面積を $3\,\text{cm}^2$,
△DEFの面積を $x\,\text{cm}^2$ とすると、
面積比より、$2^2:3^2 = 3:x$ となる。
よって、
$4:9 = 3:x$
$4x = 27$
$x = \dfrac{27}{4}$

A. $\dfrac{27}{4}\,\text{cm}^2$

テーマ120 三角比・図形②（相似な図形と体積比）

問

円錐Aと円錐Bは相似である。

底面の半径はAが2cm, Bが3cm, Bの体積が81cm³のとき、Aの体積を求めよ。

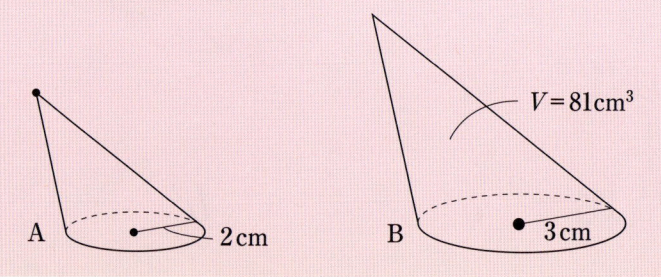

$V = 81$cm³

A 2cm　　B 3cm

初動

円錐Aと円錐Bの相似比は$2:3$なので、AとBの体積比は$2^3:3^3$

$2^3:3^3 = x:81$　を解くだけ！

解法のポイント

相似比が $a:b$ である立体図形の体積比は、$a^3:b^3$ ！！

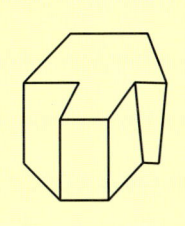

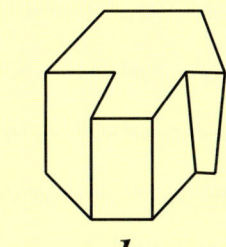

相似比	a	$:$	b
↓			
体積比	a^3	$:$	b^3

解答

円錐 A と B の相似比が $2:3$ なので、
円錐 B の体積を 81cm^3,
A の体積を $x\,\text{cm}^3$ とすると、
体積比より、
$2^3:3^3=x:81$ となる。
よって、
$8:27=x:81$
$27x=648$
$x=24$

<u>A. 24cm^3</u>

1分経過 チェックシート

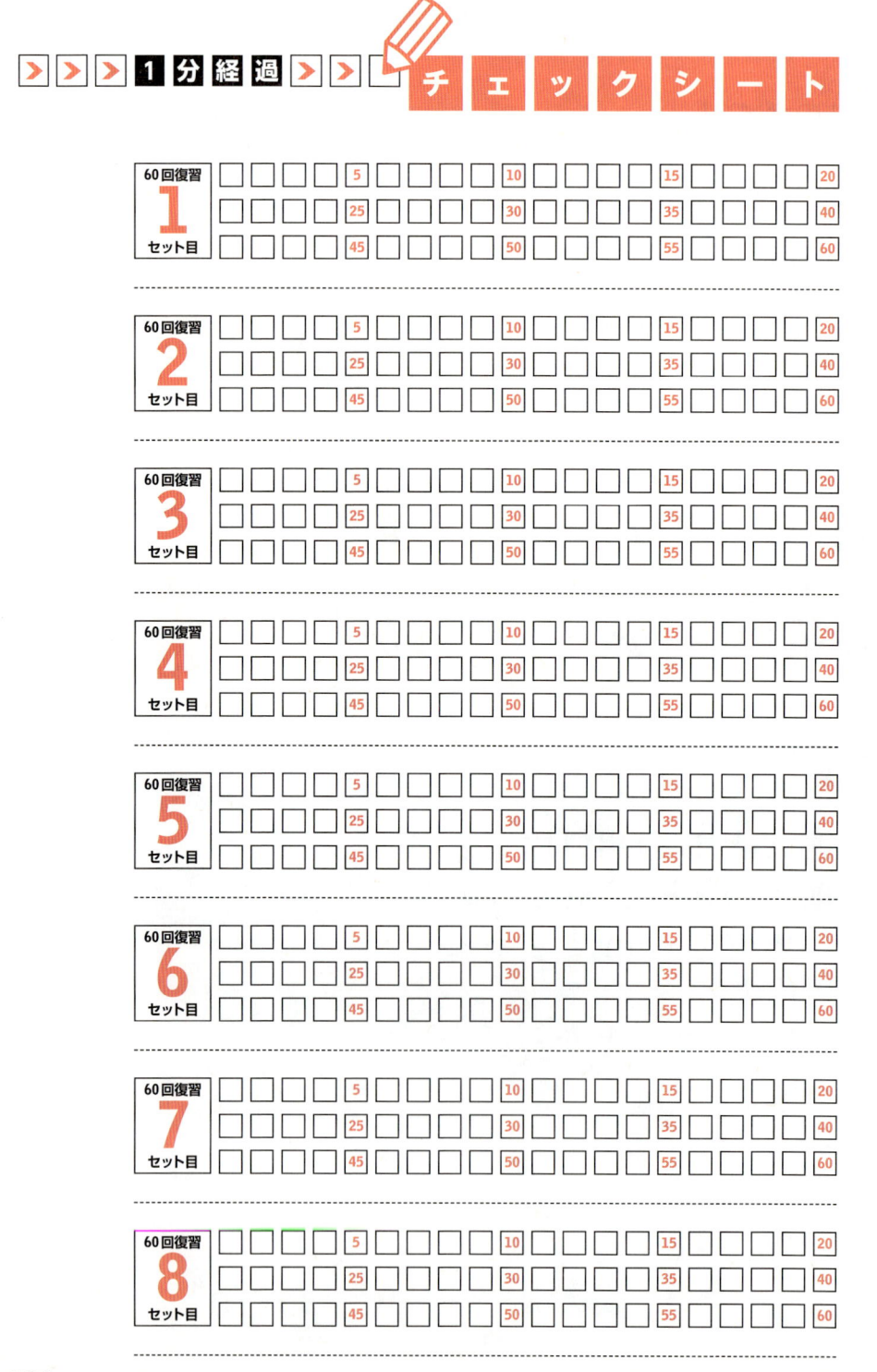

60回復習 1セット目
			5			10			15			20
			25			30			35			40
			45			50			55			60

60回復習 2セット目
			5			10			15			20
			25			30			35			40
			45			50			55			60

60回復習 3セット目
			5			10			15			20
			25			30			35			40
			45			50			55			60

60回復習 4セット目
			5			10			15			20
			25			30			35			40
			45			50			55			60

60回復習 5セット目
			5			10			15			20
			25			30			35			40
			45			50			55			60

60回復習 6セット目
			5			10			15			20
			25			30			35			40
			45			50			55			60

60回復習 7セット目
			5			10			15			20
			25			30			35			40
			45			50			55			60

60回復習 8セット目
			5			10			15			20
			25			30			35			40
			45			50			55			60

数学A

One Minute Tips to Master Mathematics I & A 180

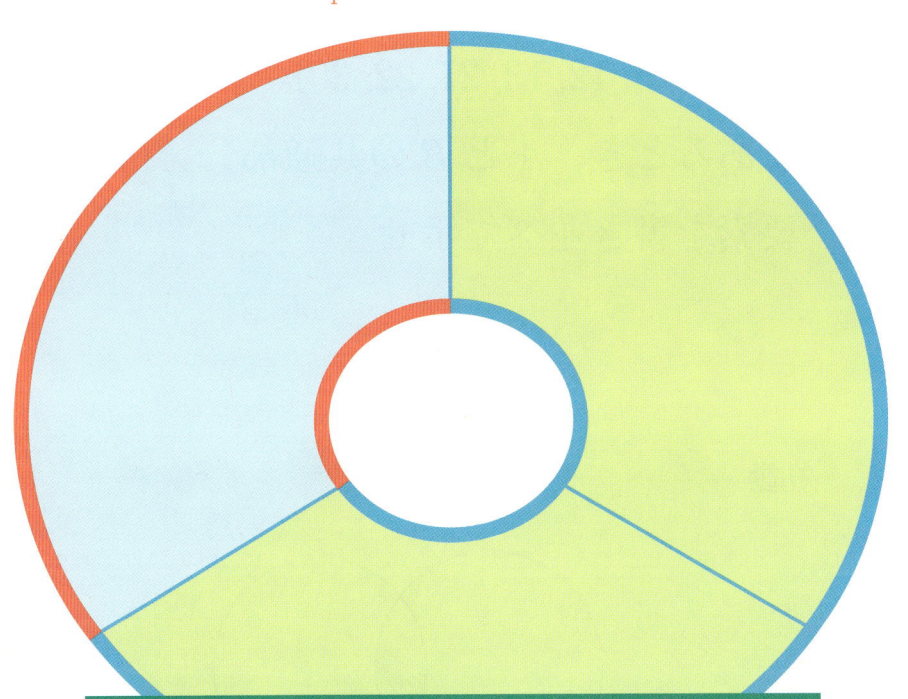

集合・論理
場合の数①
場合の数②
確率
三角形と円の性質

テーマ121 集合・論理（集合の共通部分）

問

集合 A, B がそれぞれ
$A = \{3, 6, 9, 12, 15, 18, 21, 24, 27, 30\}$
$B = \{3, 5, 12, 13, 21, 22, 30\}$
であるとき、A と B の共通部分 $A \cap B$ を、要素を書き並べて示せ。
（A かつ B）

初動

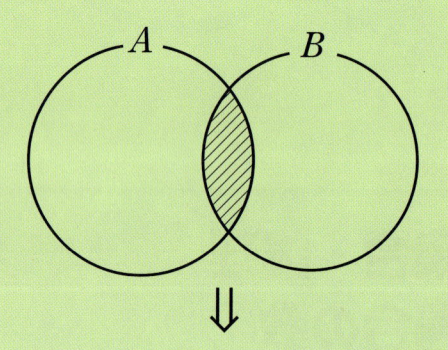

⇒ A にも B にも属する要素（斜線部分）を書き出す！

解法のポイント

共通部分

集合 A, B において、
A にも B にも属する要素の集合を
A と B の共通部分とよび、
$A \cap B$ と書く！！
(A かつ B)

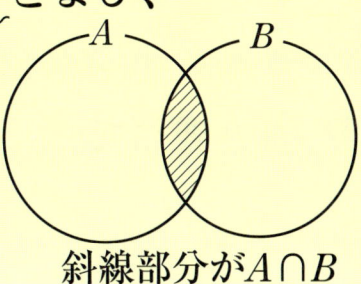

斜線部分が $A \cap B$

解答

A, B 両方に属する要素を書き出すと、

$$3, 12, 21, 30$$

よって、
$A \cap B = \{3, 12, 21, 30\}$

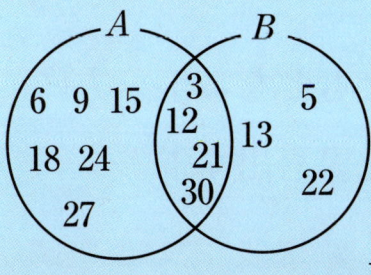

A. $\{3, 12, 21, 30\}$

テーマ122 集合・論理（和集合）

問

集合 A, B がそれぞれ
$A = \{3, 6, 9, 12, 15, 18, 21, 24, 27, 30\}$
$B = \{4, 7, 12, 14, 15, 20, 27, 30\}$
であるとき、A と B の和集合 $A \cup B$ を、要素を書き並べて示せ。
（A または B）

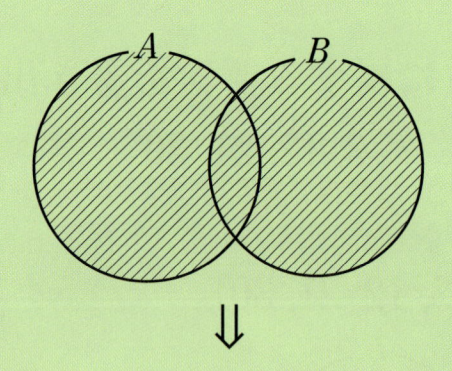

初動

⇩

A または B の、少なくともどちらか一方に属する要素（斜線部分）を書き出す！

解法のポイント

和集合

集合 A, B において、
A または B の、少なくともどちらか一方に属する要素の集合を A と B の和集合とよび、
$\underset{(A または B)}{A \cup B}$ と書く!!

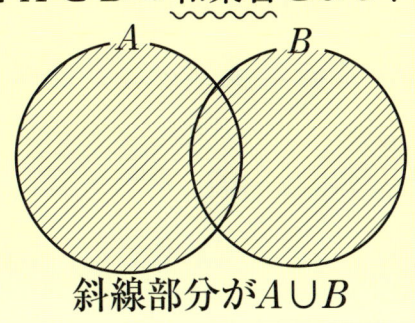

斜線部分が $A \cup B$

解答

A または B の、少なくともどちらか一方に属する要素を書き出すと、
3, 4, 6, 7, 9, 12, 14, 15, 18, 20, 21, 24, 27, 30
よって、
$A \cup B = \{3, 4, 6, 7, 9, 12, 14, 15, 18, 20, 21, 24, 27, 30\}$

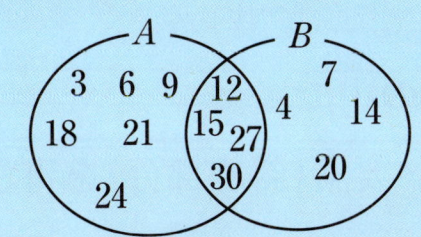

A. $\{3, 4, 6, 7, 9, 12, 14, 15, 18, 20, 21, 24, 27, 30\}$

テーマ123 集合・論理（補集合）

問

全体集合 U を 1 から 20 までの整数とするとき、その部分集合 $A = \{2, 3, 5, 8, 11, 12, 14, 15, 17, 20\}$ の補集合 $\overline{A}$ を、要素を書き並べて示せ。
（A バー）

初動

⇓

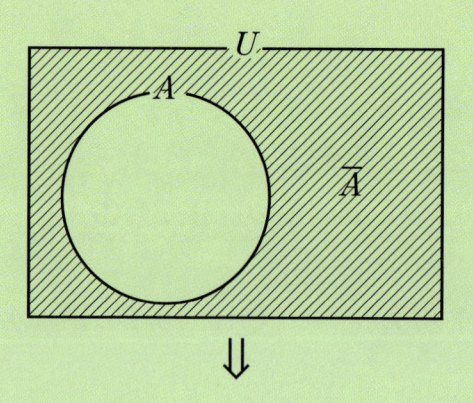

全体集合 U の中で
A に属さない要素（斜線部分）を書き出す！

解法のポイント

全体集合
集合 $A, B, C \cdots$ を含む全体の集合のこと。

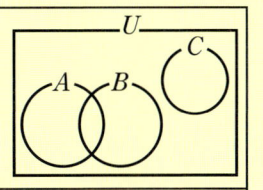

部分集合
集合 A が集合 B に含まれるとき、
「A は B の部分集合」という。

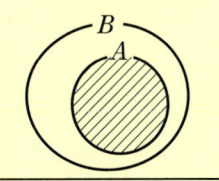

補集合
全体集合 U の部分集合 A に属さない要素の集合を「A の補集合」といい、$\bar{A}$ と書く。
(A バー)

解答

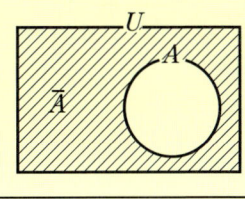

全体集合 U が1から20までの整数なので、
$A = \{2, 3, 5, 8, 11, 12, 14, 15, 17, 20\}$
より、
$\bar{A} = \{1, 4, 6, 7, 9, 10, 13, 16, 18, 19\}$

A.　$\{1, 4, 6, 7, 9, 10, 13, 16, 18, 19\}$

テーマ124 集合・論理（ド・モルガンの法則①）

問

全体集合 U を 1 から 20 までの整数とする。その部分集合 A, B について、
$A \cap B = \{2, 5, 7, 8, 9, 11, 12, 13, 16, 18, 20\}$
であるとき、$\overline{A} \cup \overline{B}$ を求めよ。
（A バーまたは B バー）

初動

ド・モルガンの法則より、
$\overline{A} \cup \overline{B} = \overline{A \cap B}$ だから、
$\overline{A \cap B}$ を求める！

解法のポイント

ド・モルガンの法則①

$$\overline{A \cap B} = \overline{A} \cup \overline{B}$$

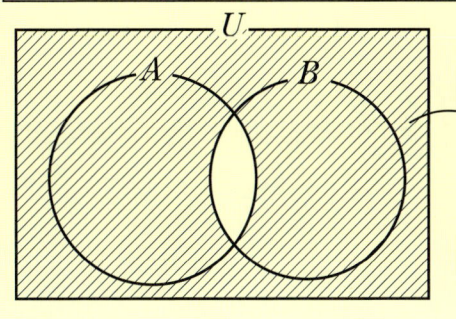

絶対に丸暗記しておくこと！

(「「A かつ B」でない」＝「「A でない」または「B でない」」)

斜線部分は、$\overline{A \cap B} = \overline{A} \cup \overline{B}$ で表せる！！

解答

全体集合 U が1から20までの整数であり、

$A \cap B = \{2, 5, 7, 8, 9, 11, 12, 13, 16, 18, 20\}$ なので、

ド・モルガンの法則より、

$\overline{A} \cup \overline{B} = \overline{A \cap B}$
　　　$= \{1, 3, 4, 6, 10, 14, 15, 17, 19\}$

A. $\{1, 3, 4, 6, 10, 14, 15, 17, 19\}$

テーマ125 集合・論理（ド・モルガンの法則②）

問

全体集合 U を1から20までの整数とする。その部分集合 A, B について、
$A \cup B = \{3, 7, 8, 11, 13, 14, 15, 18, 19\}$
であるとき、$\overline{A} \cap \overline{B}$ を求めよ。
（AバーかつBバー）

初動

ド・モルガンの法則より、
$\overline{A} \cap \overline{B} = \overline{A \cup B}$ だから、
$\overline{A \cup B}$ を求める！

解法のポイント

ド・モルガンの法則②

$$\overline{A \cup B} = \overline{A} \cap \overline{B}$$

(「「A または B」でない」=「「A でない」かつ「B でない」」)

絶対に丸暗記しておくこと！

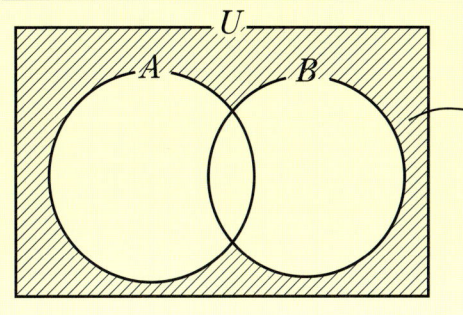

斜線部分は、
$\overline{A \cup B} = \overline{A} \cap \overline{B}$
で表せる！！

解答

全体集合 U が1から20までの整数であり、
$A \cup B = \{3, 7, 8, 11, 13, 14, 15, 18, 19\}$ なので、
ド・モルガンの法則より、
$\overline{A} \cap \overline{B} = \overline{A \cup B}$
$\qquad = \{1, 2, 4, 5, 6, 9, 10, 12, 16, 17, 20\}$

A. $\{1, 2, 4, 5, 6, 9, 10, 12, 16, 17, 20\}$

テーマ126 集合・論理（要素の個数）

問

1から1000までの整数で、3または7の倍数は何個あるか求めよ。

初動

(3の倍数)＋(7の倍数)－(21の倍数)

　　　　　　　　　　　　　3と7の最小公倍数

を求めるだけ！

解法のポイント

U(1〜1000)
A(3の倍数)　B(7の倍数)
C(A∩B → 21の倍数)

(A∪Bの個数) = (Aの個数) + (Bの個数) − (Cの個数)
└A または B　　　Cを含む　　　Cを含む　　　だからCを1つ引く
　　　　　　　　　　↑ Cの重複！ ↑

解答

$\begin{cases} 1000 \div 3 = 333 \text{ あまり } 1 \text{ より、3の倍数は} \underline{333\text{個}} \\ 1000 \div 7 = 142 \text{ あまり } 6 \text{ より、7の倍数は} \underline{142\text{個}} \end{cases}$

また、3と7の最小公倍数は21なので、

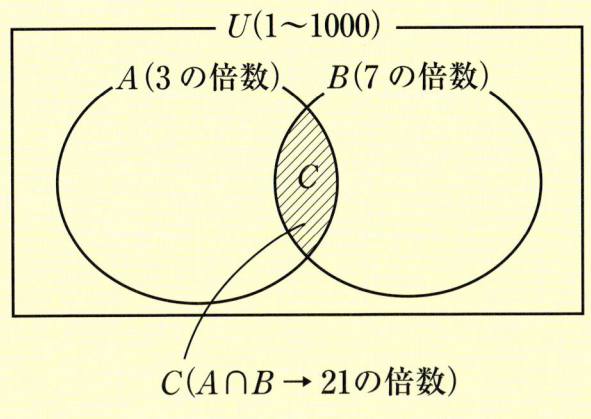

3と7の公倍数の個数は、

$1000 \div 21 = 47$ あまり 13 より、$\underline{47\text{個}}$

よって、3または7の倍数の個数は、

$333 + 142 − 47 = 428$

A. **428個**

テーマ127 集合・論理（命題の真偽①）

問

命題 $x^2-x-12 \leqq 0 \implies x<10$（ならば）
の真偽を調べ、
偽の場合は反例をあげよ。

※命題とは、正しいか正しくないかがはっきりわかる、式や文のこと

初動

$x^2-x-12 \leqq 0$ を解いて、
x の範囲を示す数直線を作成！
⇩
$x<10$ にすべて含まれるかを調べるだけ！

解法のポイント

命題の条件

- 問題文にある「$x^2-x-12\leqq 0$」や「$x<10$」などのことを条件という!!
- p, q を条件とすると、命題は「p ならば q」と表され、「$p \Rightarrow q$」と書く!!

※ p を命題の「仮定」、q を「結論」という。

命題「$p \Rightarrow q$」の真と偽

- 真：p を満たすものは、すべて q も満たす場合。
- 偽：p を満たすものの中に、1つでも q を満たさないものがある場合。

解答

$x^2 - x - 12 \leqq 0$ より

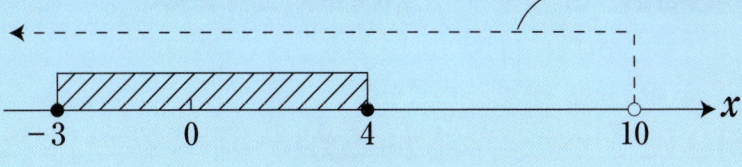

$(x-4)(x+3) \leqq 0$

よって、$\underline{-3 \leqq x \leqq 4}$

これは、$x<10$ を満たすので、
この命題は真である。

A. 真

テーマ128 集合・論理（命題の真偽②）

問

命題 $x^2 - 4x - 12 > 0 \Rightarrow x \geq 10$
の真偽を調べ、
偽の場合は反例をあげよ。

初動

$x^2 - 4x - 12 > 0$ を解いて、
x の範囲を示す数直線を作成！
⇓
$x \geq 10$ にすべて含まれるかを調べるだけ！

解法のポイント

命題が偽の場合には、「反例」を1つ示せばよい！

(例)
A. 偽, 反例：$m = 2$　と書く。
（解答例）

解答

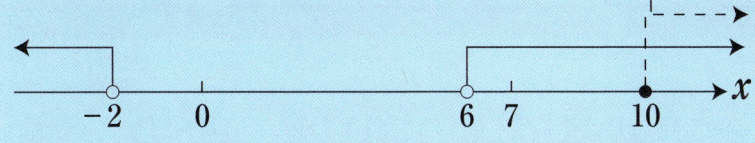

$x^2 - 4x - 12 > 0$ より
$(x+2)(x-6) > 0$
よって、$x < -2, 6 < x$

これは、$x \geq 10$ を満たさない部分があるので、この命題は偽である。

A. 偽, 反例：$x = 7$
（解答例）

テーマ129 集合・論理（条件の否定①）

問

実数 x について、
条件「$x > -5$ かつ $x \leq 0$」（$-5 < x \leq 0$）の否定をいえ。

※否定とは、
例えば「条件 p に対して、p でない条件」のことを「条件 p の否定」といい、$\bar{p}$ で表す。
（P バー）

初動

・$x > -5$ の否定（$\overline{x > -5}$）は、$x \leq -5$

・$x \leq 0$ の否定（$\overline{x \leq 0}$）は、$x > 0$

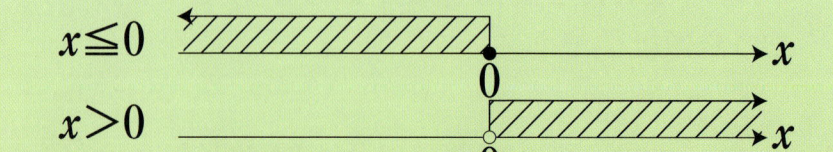

解法のポイント

「p かつ q の否定」は、ド・モルガンの法則で、
「p の否定または q の否定」となる！

$$\boxed{\text{ド・モルガンの法則①}\quad \overline{p \text{ かつ } q} \iff \overline{p} \text{ または } \overline{q}}$$
※p, q は条件

（例）　$\overline{x > -5 \text{ かつ } x \leq 0} \iff \overline{x > -5} \text{ または } \overline{x \leq 0}$

※ $p \iff q$（p ならば q, q ならば p）のとき、
　p と q は「互いに同値である」という

解答

ド・モルガンの法則より、
$$\overline{x > -5 \text{ かつ } x \leq 0} \iff \overline{x > -5} \text{ または } \overline{x \leq 0}$$
$$\iff x \leq -5 \text{ または } x > 0$$

$$\begin{pmatrix} x > -5 \text{ かつ } x \leq 0 \\ (-5 < x \leq 0) \\ \\ x \leq -5 \text{ または } x > 0 \end{pmatrix}$$

A. $x \leq -5$ または $x > 0$

テーマ130 集合・論理（条件の否定②）

問

実数 x について、
条件「$x \leqq 0$ または $y > 0$」
の否定をいえ。

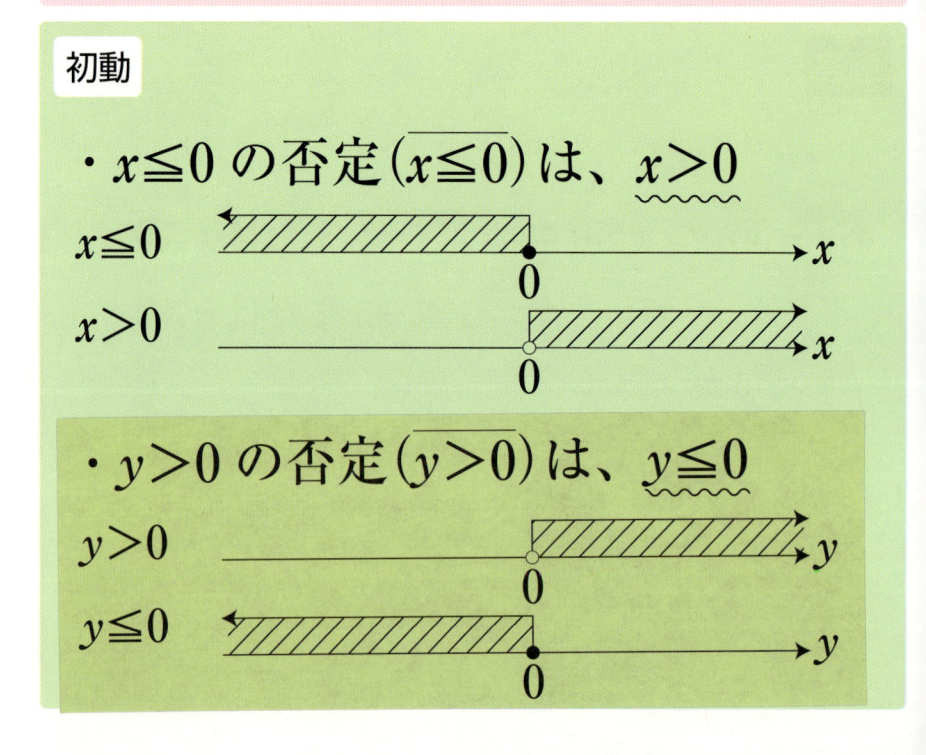

初動

・$x \leqq 0$ の否定 $(\overline{x \leqq 0})$ は、$x > 0$

・$y > 0$ の否定 $(\overline{y > 0})$ は、$y \leqq 0$

解法のポイント

「p または q の否定」は、ド・モルガンの法則で、「p の否定かつ q の否定」となる！

$$\boxed{\text{ド・モルガンの法則②}\quad \overline{p \text{ または } q} \iff \overline{p} \text{ かつ } \overline{q}}$$

※ p, q は条件

（例）　$\overline{x \leqq 0 \text{ または } y > 0} \iff \overline{x \leqq 0} \text{ かつ } \overline{y > 0}$

解答

ド・モルガンの法則より、

$\overline{x \leqq 0 \text{ または } y > 0} \iff \overline{x \leqq 0} \text{ かつ } \overline{y > 0}$

$\iff x > 0 \text{ かつ } y \leqq 0$

A. $\underline{x > 0 \text{ かつ } y \leqq 0}$

テーマ131 集合・論理（必要条件と十分条件①）

問

条件 p「$x=5$」は、条件 q「$x^2=5x$」であるための何条件か答えよ。
（ただし、x は実数）

初動

〜であるための何条件か答えよ。
　　　　　⇩
必要条件，十分条件，必要十分条件のどれか調べる！

解法のポイント

p は q であるための
必要条件
$\begin{cases} p \Rightarrow q \cdots 偽 \\ q \Rightarrow p \cdots 真 \end{cases}$

p は q であるための
十分条件
$\begin{cases} p \Rightarrow q \cdots 真 \\ q \Rightarrow p \cdots 偽 \end{cases}$

p は q であるための
必要十分条件
$\begin{cases} p \Rightarrow q \cdots 真 \\ q \Rightarrow p \cdots 真 \end{cases}$

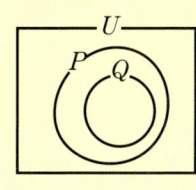

P：条件 p を満たす要素の集合
Q：条件 q を満たす要素の集合

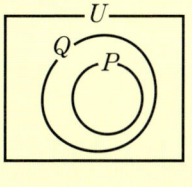

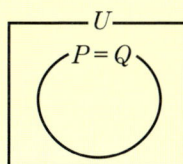

「p と q は互いに同値である」という！

解答

「$x = 5 \Rightarrow x^2 = 5x$」は真。
「$x^2 = 5x \Rightarrow x = 5$」は、
$x = 0$ でも $x^2 = 5x$ は成り立つので、
この命題は偽。
よって、
$p \Rightarrow q \cdots 真$
$q \Rightarrow p \cdots 偽$ より、
p は q であるための十分条件

A. 十分条件

テーマ132 集合・論理（必要条件と十分条件②）

問

条件 p「$xy>0$」は、条件 q「$x>0$ かつ $y>0$」であるための何条件か答えよ。
（ただし、x, y は実数）

初動

〜であるための何条件か答えよ。
$\Downarrow$
必要条件, 十分条件, 必要十分条件のどれか調べる！

解法のポイント

必要条件, 十分条件の見分け方

条件 p は、条件 q の何条件か？

・$p \Rightarrow q$ が 真 で、$q \Rightarrow p$ が 偽
　「p は q であるための十分条件」

・$p \Rightarrow q$ が 偽 で、$q \Rightarrow p$ が 真
　「p は q であるための必要条件」

(例)
　$x^2 = 5$ は、$x = \sqrt{5}$ であるための何条件か？
　$x^2 = 5 \Rightarrow x = \sqrt{5}$ は 偽 (反例：$x = -\sqrt{5}$)
　$x = \sqrt{5} \Rightarrow x^2 = 5$ は 真
　よって、
　$x^2 = 5$ は、$x = \sqrt{5}$ であるための必要条件！

解答

「$xy > 0 \Rightarrow x > 0$ かつ $y > 0$」は、
$xy > 0$ が、$x < 0$ かつ $y < 0$ のときにも
成り立つので偽
「$x > 0$ かつ $y > 0 \Rightarrow xy > 0$」は真
よって、
$p \Rightarrow q$ が偽
$q \Rightarrow p$ が真　より、
p は q であるための必要条件

<u>A. 必要条件</u>

テーマ133 集合・論理（必要条件と十分条件③）

問

条件 p「$x = y = 0$」は、条件 q「$x^2 + y^2 = 0$」であるための何条件か答えよ。
（ただし、x, y は実数）

初動

〜であるための何条件か答えよ。
⇩
必要条件, 十分条件, 必要十分条件のどれか調べる！

解法のポイント

必要十分条件

$p \Rightarrow q$ および $q \Rightarrow p$ がともに真のとき、
「p は q であるための必要十分条件」といい、
$p \Longleftrightarrow q$ と書く！！

※または、「q は p であるための必要十分条件」という。

解答

x, y が実数のとき、
「$x = y = 0 \Rightarrow x^2 + y^2 = 0$」は真
また、「$x^2 + y^2 = 0 \Rightarrow x = y = 0$」は真
よって、
$p \Longleftrightarrow q$ より、
p は q であるための必要十分条件

A. <u>必要十分条件</u>

テーマ134 集合・論理（逆・裏・対偶）

問

n が整数であるとき、
命題「n^2 は奇数 $\Rightarrow$ n は奇数」
の対偶を示せ。

初動

命題「$p \Rightarrow q$」の対偶は、「$\bar{q} \Rightarrow \bar{p}$」

解法のポイント

命題「$p \Rightarrow q$」の逆・裏・対偶

$p \Rightarrow q$ ←逆→ $q \Rightarrow p$

↕裏　　対偶　　↕裏

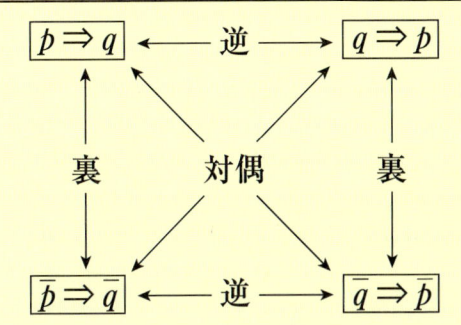

$\bar{p} \Rightarrow \bar{q}$ ←逆→ $\bar{q} \Rightarrow \bar{p}$

※命題とその対偶の真偽は一致する！！
（命題とその逆，命題とその裏の真偽は，一致するとは限らない）

解答

「n^2 は奇数 $\Rightarrow n$ は奇数」の対偶は，
「$\overline{n \text{ は奇数}} \Rightarrow \overline{n^2 \text{ は奇数}}$」
ここで，
$\overline{n \text{ は奇数}} \Leftrightarrow n \text{ は偶数}$
$\overline{n^2 \text{ は奇数}} \Leftrightarrow n^2 \text{ は偶数}$
より，求める対偶は，
n は偶数 $\Rightarrow n^2$ は偶数

　　　A. n は偶数 $\Rightarrow n^2$ は偶数

テーマ135 場合の数①（樹形図）

問

赤玉2個、青玉1個、黄玉1個から3個を選び一列に並べる場合、並べ方は何通りあるか求めよ。

初動

樹形図をかくだけ！

※樹形図とは、考えられる組合せのすべてを、樹木の枝分かれの形で表した図のこと。

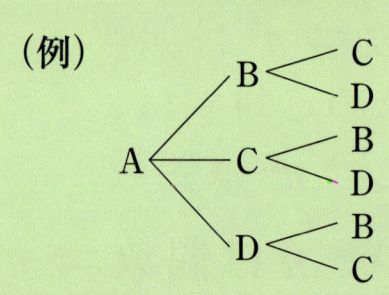

（例）

```
        ┌ C
    ┌ B ┤
    │   └ D
    │   ┌ B
A ──┼ C ┤
    │   └ D
    │   ┌ B
    └ D ┤
        └ C
```

解法のポイント

「場合の数」の問題では、迷ったら樹形図をかこう！

```
┌─────────────────────────┐
│  樹形図をかくときのポイント  │
│     ①もれなくかく         │
│     ②重複なくかく         │
└─────────────────────────┘
```

→「さいころの目の小さい順に」「赤・青・黄の順に」など、自分なりのルールを決めてかくとかきやすい！

解答

樹形図をかいて調べると、

1番目	2番目	3番目		1番目	2番目	3番目
		青①			赤	赤⑦
	赤	黄②		青		黄⑧
		赤③			黄 —— 赤⑨	
赤	青	黄④			赤	赤⑩
		赤⑤		黄		青⑪
	黄	青⑥			青 —— 赤⑫	

となる。
よって、並べ方は12通り。

A. 12通り

テーマ136　場合の数①（和の法則）

問

1から15の数字が1枚に1つずつ書かれた、15枚のカードから2枚のカードを引くとき、2枚の数字の和が8の倍数になる場合は、何通りあるか求めよ。

初動

2枚の数字の和が8の倍数
　　　　⇓
この場合は、8, 16, 24の3通りだけ！

8になる場合　　　　　　　　　　　　　　　
16になる場合　｝について、全部書き出す！
24になる場合

解法のポイント

和の法則

同時には起こらない事柄 A, B があり、
A が起こる場合が m 通り、
B が起こる場合が n 通りのとき、
A または B が起こる場合の数は、
$m+n$ 通りになる！！

解答

和が8

7	6	5
1	2	3

3通り

和が16

15	14	13	12	11	10	9
1	2	3	4	5	6	7

7通り

和が24

15	14	13
9	10	11

3通り

よって、和の法則より
$3+7+3=13$ 通り

A. 13通り

テーマ137 場合の数①（積の法則①―道順―）

問

図のようにP地点からQ地点への道順が m 通り、Q地点からR地点への道順が n 通り、R地点からS地点への道順が3通りあるとき、P地点からQ, R地点を通ってS地点へ行く道順は、何通りあるか求めよ。

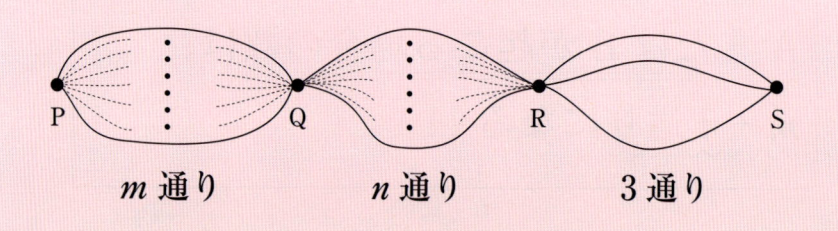

m 通り　　n 通り　　3通り

初動

P→Q の m 通りのそれぞれに対して、
Q→R の n 通りがあるので、
P→Q→R は $m \times n$ 通り！
　　　⇩
さらに、それぞれに対して、
R→S の3通りがある！

解法のポイント

積の法則

事柄 A の起こり方が m 通りあり、m 通りの 1 つ 1 つについて、B の起こり方が n 通りあるとき、A と B が<u>ともに起こる</u>場合の数は、$m \times n$ 通りになる!!

解答

P から Q までが m 通り、
Q から R までが n 通り、
R から S までが 3 通りなので、
積の法則より、
$m \times n \times 3 = 3mn$ 通り

A. $3mn$ 通り

テーマ138 場合の数①（積の法則②—金額—）

問

500円玉が3枚, 100円玉が4枚, 10円玉が9枚入っているサイフから、何枚か取り出してつくれる金額は何通りあるか求めよ。

初動

$$\begin{cases} 500\text{円玉の使い方} \to 0 \sim 3\text{枚の4通り} \\ 100\text{円玉の使い方} \to 0 \sim 4\text{枚の5通り} \\ 10\text{円玉の使い方} \to 0 \sim 9\text{枚の10通り} \end{cases}$$

→積の法則に当てはめる！

解法のポイント

・100円玉でつくれる最高金額＝400円
　→500円玉1枚と重複しない
・10円玉でつくれる最高金額＝90円
　→100円玉1枚と重複しない
　　　　　⇓
500円玉, 100円玉, 10円玉それぞれの使い方は、積の法則でかけ合わせるだけ！！

※このままだと、1枚も取り出さない場合、つまり500円玉0枚, 100円玉0枚, 10円玉0枚の場合（0円）も含まれてしまっているので、その分の「1通り」を最後に引かなければならない！

解答

500円玉, 100円玉, 10円玉の使い方は、
それぞれ4通り, 5通り, 10通りあるので、
積の法則より、
$4 \times 5 \times 10 = 200$
問に「何枚か取り出して」とあるので、
1枚も取り出さない場合、つまり、
500円玉0枚, 100円玉0枚, 10円玉0枚
の場合は含まない。
よって、
$200 - 1 = 199$通り

A. 199通り

テーマ139　場合の数①（積の法則③—約数の個数—）

問

108の「正の約数の個数」を答えよ。

初動

108を素因数分解する！

```
2) 108
2)  54
3)  27
3)   9
     3
```

→ $108 = 2^2 \times 3^3$

解法のポイント

> **約数の個数の公式**
>
> 正の整数 A の素因数分解を
> $A = a^m \times b^n \times \cdots\cdots$ とすると、
> A の約数の個数は、
> $(m+1) \times (n+1) \times \cdots\cdots$ で表せる！

(例)
$108 = 2^2 \times 3^3$ なので、108の約数の個数は、
$(2+1) \times (3+1) = 12$個

解答

$108 = 2^2 \times 3^3$ より、
2^2 の約数は
$(2+1) = 3$ 個
3^3 の約数は
$(3+1) = 4$ 個
よって、
108の正の約数の個数は、
$3 \times 4 = 12$個

A. 12個

108の約数になる組合せ

2^2の約数	3^3の約数	
2^0	3^0	1×1
	3^1	1×3
	3^2	1×9
	3^3	1×27
2^1	3^0	2×1
	3^1	2×3
	3^2	2×9
	3^3	2×27
2^2	3^0	4×1
	3^1	4×3
	3^2	4×9
	3^3	4×27

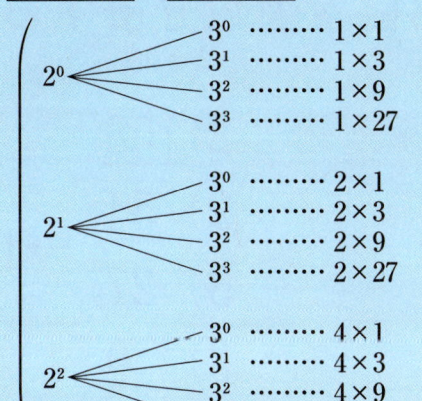

※すべての実数の0乗は、1である！
(例) $2^0 = 1$, $3^0 = 1$

テーマ140　場合の数①（積の法則④―約数の和―）

問

108の「すべての約数の和」を答えよ。

初動

108を素因数分解する！

$$\begin{array}{r}2\,)\,108\\2\,)\,54\\3\,)\,27\\3\,)\,9\\3\end{array}$$

→ $108 = 2^2 \times 3^3$

解法のポイント

> **約数の和の公式**
>
> 正の整数 A の素因数分解を
> $A = a^m \times b^n \times \cdots\cdots$ とすると、
> A の約数の和は、
> $(1 + a + a^2 + \cdots + a^m) \times (1 + b + b^2 + \cdots + b^n) \times \cdots\cdots$
> で表せる！

(例)
$108 = 2^2 \times 3^3$ なので、108の約数の和は、
$(1 + 2 + 2^2) \times (1 + 3 + 3^2 + 3^3)$
$= 7 \times 40 = 280$

解答

$108 = 2^2 \times 3^3$ より、
108の約数の和は、
$(1 + 2 + 2^2) \times (1 + 3 + 3^2 + 3^3)$
を展開したときの各項になる。
よって、
$\quad (1 + 2 + 4) \times (1 + 3 + 9 + 27)$
$= 7 \times 40 = 280$

A. 280

テーマ141　場合の数①（和の法則と積の法則の複合）

問

大小2個のさいころを投げるとき、出る目の積が3の倍数になる場合は、何通りあるか答えよ。

初動

「出る目の積」が3の倍数
　　　⇩
・大さいころの目が3の倍数のとき
・大さいころの目が3の倍数でないとき
の2通りあることに気づく！

解法のポイント

(ア) 大さいころの目が 3 の倍数の場合

　大の目 {3, 6} × 小の目 {1〜6}　→　積の法則
　　　2通り　　　　　6通り

　　　　　　　　　　　　　　　　　　＋

(イ) 大さいころの目が 3 の倍数でない場合

　大の目 {1, 2, 4, 5} × 小の目 {3, 6}　→　積の法則
　　　4通り　　　　　2通り

　　　　　　　　　　　　　⇓

　　　　　　　和の法則で求める！！

解答

大小 2 個のさいころの目の積が、
3 の倍数になる場合を
(ア) 大さいころの目が 3 の倍数
(イ) 大さいころの目が 3 の倍数でない
に場合分けすると、積の法則より、
$\begin{cases} (ア)\ 2 \times 6 = 12 \\ (イ)\ 4 \times 2 = 8 \end{cases}$
よって、求める場合の数は、和の法則より、
$12 + 8 = 20$ 通り

A. 20通り

テーマ142　場合の数①（順列の計算）

問

A, B, C, Dの4人から3人選んで、一列に並べる方法は、何通りあるか求めよ。

初動

n 人から r 人選んで一列に並べる
⇩
順列の公式
$$_nP_r$$
（ピーのエヌアール）
に当てはめるだけ！
⇩
$$_4P_3$$
4人から3人選ぶ

解法のポイント

順列の公式

$$_nP_r = \underbrace{\underset{1個目}{n} \times \underset{2個目}{(n-1)} \times \underset{3個目}{(n-2)} \times \cdots\cdots \times \underset{r個目}{\{n-(r-1)\}}}_{r個の積}$$

※この本では、1秒で覚えるために「ピーのエヌアール」と読む。

「順列」とは、
「いくつかのものに順番をつけ、一列に並べる配列」
のこと。

（例） $_4P_{③} = \underbrace{4 \times 3 \times 2}_{③個の積}$

解答

4人から3人選んで一列に並べる順列なので、

$_4P_3 = 4 \times 3 \times 2$
$ = 24$ 通り

A. 24通り

テーマ143 場合の数①（階乗の計算）

問

5, 6, 7, 8, 9 の 5 個の数字を
すべて使ってつくれる、
5桁の数字の個数を答えよ。

初動

異なる 5 個をすべて一列に並べる
⇩
5！ を計算する
（5の階乗）
⇩
5！＝5×4×3×2×1

解法のポイント

n の階乗(かいじょう)

1 から n までの自然数の積のことを「n の階乗」といい、$n!$ と書く。

$n! = n(n-1)(n-2) \times \cdots \times 3 \times 2 \times 1$

（$0! = 1$ と定める）

階乗と順列

（異なる n 個をすべて一列に並べる）
→異なる n 個から n 個を選び、一列に並べる順列

$$n! = {}_nP_n$$

解答

5 個の数字をすべて一列に並べるので、

$5! = 5 \times 4 \times 3 \times 2 \times 1$
$ = 120$ 通り

A. 120通り

テーマ144　場合の数①（円順列）

問

A, B, C, D, E の5人が、円形に並ぶ方法は、何通りあるか求めよ。

初動

n 人が円形に並ぶ
⇓
― 円順列の公式 ―
$$\frac{{}_n P_n}{n} = (n-1)!$$
に当てはめるだけ。
⇓
$\dfrac{{}_5 P_5}{5} = (5-1)!$ を計算する。

解法のポイント

$$\boxed{\text{円順列の公式}}$$
$$\frac{{}_n\mathrm{P}_n}{n} = (n-1)!$$

「円順列」とは、円形に並べる順列のこと。

※円順列と順列との違い

(例)

ABCDE EABCD DEABC
CDEAB BCDEA

順列では5通り
円順列では1通り
⇒回転させると全部同じ!!

解答

5人の円順列なので、

$$\frac{{}_5\mathrm{P}_5}{5} = (5-1)!$$
$$= 4 \times 3 \times 2 \times 1$$
$$= 24 \text{通り}$$

A. 24通り

テーマ145 場合の数①（重複順列①）

問

1, 2, 3, 4, 5 の 5 個の数字から、3 個を選んで 3 桁の整数をつくるとき、同じ数字を何回使ってもよいとすると、何通りできるか求めよ。

初動

異なる n 個から重複を許して r 個並べる

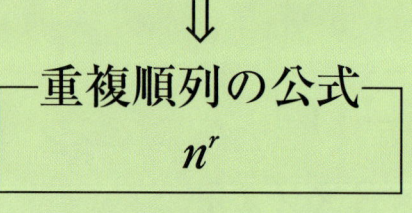

$\Downarrow$

― 重複順列の公式 ―
$$n^r$$

に当てはめるだけ！

$\Downarrow$

$5^3 = 5 \times 5 \times 5$ を計算する！

5個の数字　3桁の整数

解法のポイント

$$\boxed{重複順列の公式} \\ n^r$$

「重複順列」とは、異なる n 個から r 個選んで並べるとき、n 個から同じものを何回選んでもよい順列のこと。

（例）

百の位	十の位	一の位
□	□	□
↑	↑	↑
1〜5の5通り	1〜5の5通り	1〜5の5通り
5	× 5	× 5 =5^3

解答

異なる5個の数字から、重複を許して3個並べる重複順列なので、

$5^3 = 5×5×5$
$ = 125$ 通り

125通り

テーマ146　**場合の数①（重複順列②）**

問

5人の生徒をA, Bの2グループに分ける方法は、何通りできるか求めよ。

$\left(\begin{array}{l}\text{ただし、どちらのグループにも、}\\ \text{少なくとも1人は入るように分けること。}\end{array}\right)$

初動

5人の生徒をAかBに分ける
⇩
A, Bの2グループの重複を許して5人を並べる
⇩
重複順列の公式 n^r に当てはめるだけ！
⇩
$2^5 = 2 \times 2 \times 2 \times 2 \times 2$　を計算する！

2 … A, Bの2グループ
5 … 5人の生徒

解法のポイント

5人の生徒を①②③④⑤とすると、

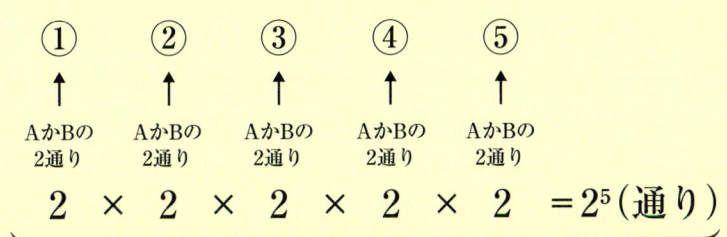

①	②	③	④	⑤
↑	↑	↑	↑	↑
AかBの2通り	AかBの2通り	AかBの2通り	AかBの2通り	AかBの2通り

$$2 \times 2 \times 2 \times 2 \times 2 = 2^5 (通り)$$

「ただし、どちらのグループにも、少なくとも1人は入るように分けること」
→5人ともA, Bグループとなる2通りを引くだけ!!

解答

1人目がAかB、2人目がAかB……と考えると、A, Bの重複を許して5人を並べる重複順列になる。
よって、できるグループは、
$2^5 = 2 \times 2 \times 2 \times 2 \times 2 = 32$
そこから、5人がすべてAまたはBとなる2通りを引くと、
$32 - 2 = 30$通り

A. 30通り

テーマ147 場合の数②（組合せの基本）

問

A, B, C, D, E, F, G の7人から、3人選ぶ組合せは何通りあるか？

初動

n 人から r 人選ぶ組合せ
⇒
組合せの公式
$${}_nC_r$$
（シーのエヌアール）

に当てはめるだけ！
⇒
$${}_7C_3$$
7人から 3人選ぶ

解法のポイント

組合せの公式

$$_nC_r = \frac{_nP_r}{r!} = \frac{\overset{1}{n} \times \overset{2}{(n-1)} \times \overset{3}{(n-2)} \times \cdots \times \overset{r}{\{n-(r-1)\}}}{r \times (r-1) \times (r-2) \times \cdots \times 3 \times 2 \times 1}$$

$(_nC_n = 1,\ _nC_0 = 1)$

※この本では、1秒で覚えるために「シーのエヌアール」と読む。

「組合せ」とは、異なる n 個から r 個選んで並べない配列のこと。

・順列と組合せの違い
（例）a, b, c の順列→ $(a, b, c), (a, c, b), (b, a, c)$
$(b, c, a), (c, a, b), (c, b, a)$ 　6通り

a, b, c の組合せ→順番は関係ないので　1通り

解答

7人から3人選ぶ組合せなので、

$$_7C_3 = \frac{7 \times 6 \times 5}{3 \times 2 \times 1} = 35 \text{通り}$$

A. 35通り

テーマ148 場合の数② （$_nC_r = {_nC_{n-r}}$ の利用）

問

100人から98人を選ぶ組合せは、何通りか求めよ。

初動

選ばれない2人（100 − 98 = 2）を選ぶ組合せの数と
同じであることに気づく！

解法のポイント

n 個から r 個選ぶ組合せの数は、n 個から選ばれない $n-r$ 個を選ぶ組合せと同じになる！！

$$_nC_r = {_nC_{n-r}} \quad (0 \leq r \leq n)$$

（例）

$$_{100}C_{98} = {_{100}C_2}$$

解答

100人から98人選ぶ組合せの数は、100人から選ばれない $100-98=2$ 人を選ぶ組合せの数に等しい。

よって、
$$\begin{aligned}
{_{100}C_{98}} &= {_{100}C_{100-98}} \\
&= {_{100}C_2} \\
&= \frac{\overset{50}{\cancel{100}} \times 99}{\underset{1}{\cancel{2}} \times 1} \\
&= 4950
\end{aligned}$$

A. 4950通り

テーマ149 場合の数②（図形への応用）

問

八角形の頂点のうち、3点を選んでできる三角形は何個あるか答えよ。

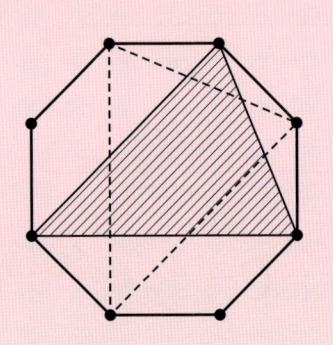

初動

8個の頂点から3個の頂点を選ぶ
⇩
組合せの公式 $_nC_r$ を使う！
⇩
$\underset{\text{8個の頂点から}}{_8}\underset{\text{3個選ぶ}}{C_3}$

解法のポイント

八角形の頂点を A～H とする
⇩
問は、8個から異なる3個をとる「組合せの問題」だとわかる！

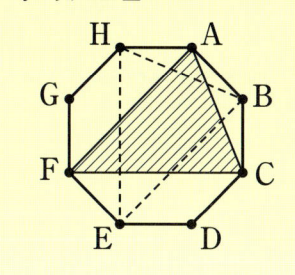

解答

8個の頂点から3個の頂点をとる組合せなので、

$$_8C_3 = \frac{8 \times 7 \times 6}{3 \times 2 \times 1} = 56 \text{通り}$$

A． 56通り

テーマ150 場合の数②（少なくとも1つ選ぶ組合せ）

問

男子6人、女子4人から、3人選んでグループをつくるとき、少なくとも女子が1人入る組合せは、何通りあるか求めよ。

初動

少なくとも女子が1人入る
⇩
女子が1人も入らない
（全員男子）場合を、
すべての組合せから引く！

解法のポイント

少なくとも女子が1人入る
(女, 男, 男), (女, 女, 男), (女, 女, 女)

女子が1人も入らない
(男, 男, 男)

⇩

- $\underset{(男子)}{6人} + \underset{(女子)}{4人} = 10$ 人から3人を選ぶので、
  すべての組合せは、$_{10}C_3$
- 全員が男の場合は、$_6C_3$

→ $_{10}C_3 - {_6C_3}$ を求めればよい!!

解答

すべての組合せは、$_{10}C_3$
女子が1人も入らない場合の数は、$_6C_3$
よって、求める組合せの数は、

$$_{10}C_3 - {_6C_3} = \frac{10\times9\times8}{3\times2\times1} - \frac{6\times5\times4}{3\times2\times1}$$
$$= \frac{720}{6} - \frac{120}{6}$$
$$= \frac{600}{6}$$
$$= 100 \text{ 通り}$$

A. 100通り

テーマ151　場合の数②（組分け①）

問

6人を2人ずつ、
A, B, Cの3部屋に入れる方法は、
何通りあるか求めよ。

初動

A→B→Cと入れていくと、
① Aに入れる2人の選び方
　→6人から2人選ぶので、$_6C_2$ 通り
② ①の後、Bに入れる2人
　→4人から2人選ぶので、$_4C_2$ 通り
③ ②の後、Cに入れる2人
　→残った2人を入れるので、$_2C_2(=1)$ 通り
　　　　　↓
　　すべてをかけあわせるだけ！

解法のポイント

はじめに入る2人の選び方
$_6C_2$ 通りのそれぞれに、
次の2人の選び方 $_4C_2$ 通りがある
↓
$_6C_2 \times {_4C_2}$ 通りにそれぞれ、
残りの2人を入れる組合せがある、
と考える!!

解答

Aに入れる方法 $_6C_2$ 通りのそれぞれに、
Bを入れる方法 $_4C_2$ 通りずつがあり、
Cへは残った2人を入れるだけなので、1通り。
よって、求める場合の数は、

$$_6C_2 \times {_4C_2} \times {_2C_2} = \frac{6\times 5}{2\times 1} \times \frac{4\times 3}{2\times 1} \times \frac{2\times 1}{2\times 1}$$

$$= \frac{30 \times \overset{3}{\cancel{12}} \times \overset{1}{\cancel{2}}}{\underset{1}{\cancel{2}} \times \underset{1}{\cancel{2}} \times \underset{1}{\cancel{2}}}$$

$$= 90 \text{通り}$$

A. 90通り

テーマ152 場合の数②（組分け②）

問

6人を2人ずつ、
3グループに分ける方法は、
何通りあるか求めよ。

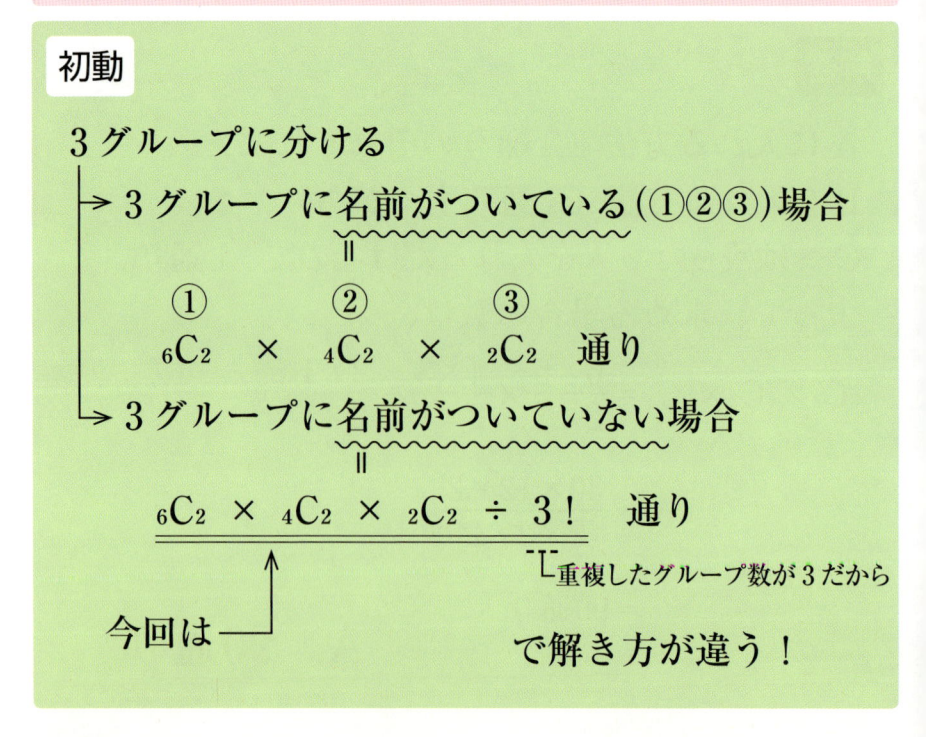

初動

3グループに分ける
├→ 3グループに名前がついている(①②③)場合
│   　①　　　　②　　　　③
│ $_6C_2$ × $_4C_2$ × $_2C_2$ 　通り
└→ 3グループに名前がついていない場合
    $_6C_2 × _4C_2 × _2C_2 ÷ 3!$ 　通り
    　　　　　　　　　　└ 重複したグループ数が3だから
    ↑
    今回は

で解き方が違う！

解法のポイント

（例）
6人を A, B, C, D, E, F として、
3グループを (A, B), (C, D), (E, F) で組分けした場合

3グループに名前がついている（①②③）
　①　　②　　③
(A, B) (C, D) (E, F)
(A, B) (E, F) (C, D)
(C, D) (A, B) (E, F)　　分け方は
(C, D) (E, F) (A, B)　　3! 通り
(E, F) (A, B) (C, D)
(E, F) (C, D) (A, B)

3グループに名前がついていない
(A, B) (C, D) (E, F)　　分け方は
　　　　　　　　　　　　 1通り

6人を2人ずつ3グループに分けた
$_6C_2 \times {}_4C_2 \times {}_2C_2$ 通りそれぞれが 3! 通りずつ同じ
⇩
最後に 3! で割るだけ。

解答

6人を2人ずつ分けた場合、
各グループに名前がついているときの分け方は、
$_6C_2 \times {}_4C_2 \times {}_2C_2$ 通り
3グループの分け方はそれぞれ 3! 通りずつ同じなので、
グループに名前がついていない場合は、
重複した分を 3! で割って求めると、
$_6C_2 \times {}_4C_2 \times {}_2C_2 \div 3!$
$= \dfrac{6 \times 5}{2 \times 1} \times \dfrac{4 \times 3}{2 \times 1} \times 1 \times \dfrac{1}{3 \times 2 \times 1}$
$= 15$ 通り

A. 15通り

テーマ153　場合の数②（同じものを含む順列）

問

赤旗3本, 青旗2本, 黄旗1本を
一列に並べる方法は、
何通りあるか求めよ。

初動

まず、旗が6本並んでいる図を書く。

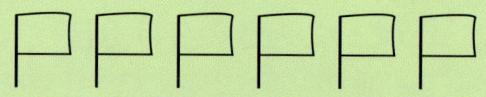

 ＰＰＰＰＰＰ

赤→青→黄と選んでみると、
① 6ヵ所から赤旗3本の位置を選ぶので、
　$_6C_3$ 通り。
② ①の後、残りの3ヵ所から、
　青旗2本の位置を選ぶので、$_3C_2$ 通り。
③ ②の後、残った1ヵ所に
　黄旗1本を立てるので、$_1C_1$（＝1）通り。
　　　↓
すべてをかけあわせるだけ！

解法のポイント

> **同じものを含む順列**
> 同じものを含む順列の場合は、
> 同じものどうしの中の「組合せの問題」と考える！

(例)
赤旗3本, 青旗2本, 黄旗1本の合計6本

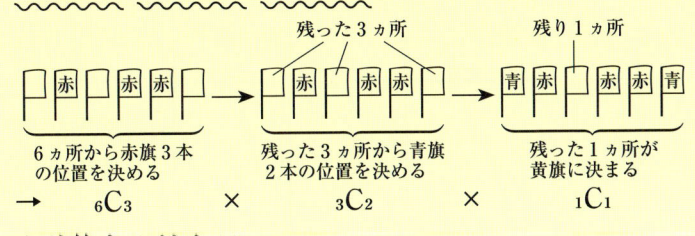

6ヵ所から赤旗3本の位置を決める	残った3ヵ所から青旗2本の位置を決める	残った1ヵ所が黄旗に決まる
→ $_6C_3$	× $_3C_2$	× $_1C_1$

を計算するだけ！！

解答

6本の旗を一列に並べたとき、
赤旗3本を並べる方法は、$_6C_3$ 通り。
残りの3ヵ所から青旗2本を並べる方法は、
$_3C_2$ 通り。
残り1ヵ所に黄旗1本を立てる方法は、
$_1C_1$ 通り。
よって、求める場合の数は、

$$_6C_3 \times {_3C_2} \times {_1C_1} = \frac{6\times5\times4}{3\times2\times1} \times \frac{3\times2}{2\times1} \times 1$$
$$= 60 \text{通り}$$

A. 60通り

テーマ154 場合の数②（道順①）

問

下図のように、
道路が縦に5本、横に4本走っているとき、
A地点からB地点への最短経路は、
何通りあるか求めよ。

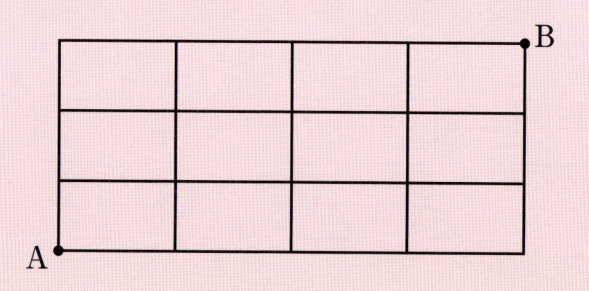

初動

A → Bへの最短距離

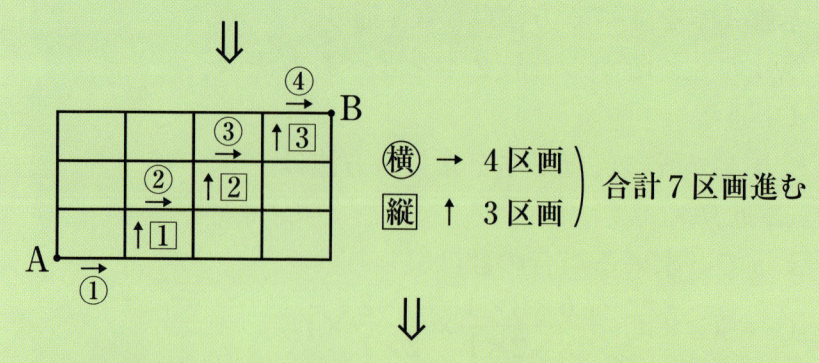

⇩

横 → 4区画
縦 ↑ 3区画
合計7区画進む

⇩

最短経路は、「横に4区画」「縦に3区画」計7区画並べる順列だと気づく！

解法のポイント

区画の順列

	1	2	3	4	5	6	7
(経路1)	→	→	→	→	↑	↑	↑
(経路2)	→	→	→	↑	→	↑	↑
(経路3)	→	→	→	↑	↑	→	↑

⋮

⇓

$\begin{cases} 縦\cdots 7区画のうち、どの3区画を選ぶか = {}_7C_3 通り \\ 横\cdots {}_7C_3 通りにそれぞれ、残り4区画から4区画選ぶ \\ \quad {}_4C_4(=1)通りがある。 \end{cases}$

→AからBへは、${}_7C_3 \times {}_4C_4$ 通りで求まる!!

※横を先に考えても同じ!

解答

A地点からB地点への最短経路は、
縦に進む ${}_7C_3$ 通りのそれぞれに、
横に進む ${}_4C_4$ 通りがある。
よって、求める場合の数は、

$${}_7C_3 \times {}_4C_4 = \frac{7 \times \overset{1}{\cancel{6}} \times 5}{\underset{1}{\cancel{3}} \times \underset{1}{\cancel{2}} \times 1} \times 1$$

$= 35 通り$

A. 35通り

テーマ155 場合の数②（道順②）

問

下図のように、
道路が縦に6本、横に5本走っているとき、A 地点から途中 C 地点を通り、B 地点へ進む最短経路は、何通りあるか求めよ。

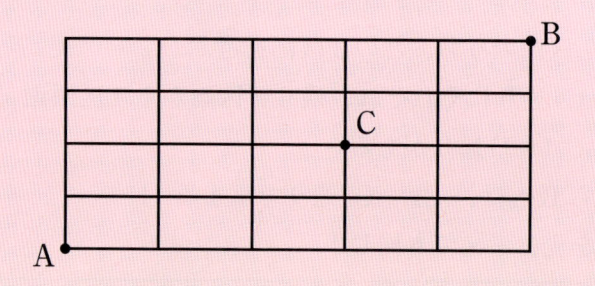

初動

A→C の最短経路の総数

×

C→B の最短経路の総数

を求めるだけ！

解法のポイント

① A→C の最短経路の総数

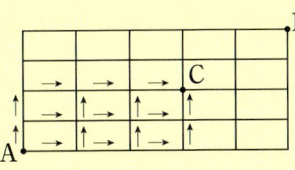

横3区画, 縦2区画(合計5区画)
$\Rightarrow {}_5C_2 \times {}_3C_3$ 通り

※ ${}_3C_3 = 1$

② C→B の最短経路の総数

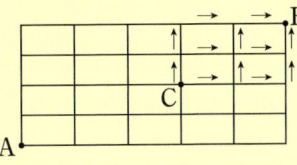

横2区画, 縦2区画(合計4区画)
$\Rightarrow {}_4C_2 \times {}_2C_2$ 通り

※ ${}_2C_2 = 1$

③ ①の ${}_5C_2 \times {}_3C_3$ 通りのそれぞれに、
②の ${}_4C_2 \times {}_2C_2$ 通りがある!!

解答

A→C の最短経路は、${}_5C_2 \times {}_3C_3$
C→B の最短経路は、${}_4C_2 \times {}_2C_2$
A→C→B の最短経路の総数は、
$({}_5C_2 \times {}_3C_3) \times ({}_4C_2 \times {}_2C_2)$
$= {}_5C_2 \times 1 \times {}_4C_2 \times 1$
$= \dfrac{5 \times \cancel{4}^{2}}{\cancel{2}_{1} \times 1} \times 1 \times \dfrac{\cancel{4}^{2} \times 3}{\cancel{2}_{1} \times 1} \times 1$
$= 10 \times 6$
$= 60$ 通り

A. 60通り

テーマ156 場合の数②（二項定理①）

問

$(a+b)^5$ の展開式を求めよ。

初動

二項定理を利用するだけ！
$$\Downarrow$$

$(a+b)^5$
$= a^5 + {}_5C_1 a^4 b^1 + {}_5C_2 a^3 b^2 + {}_5C_3 a^2 b^3 + {}_5C_4 a^1 b^4 + b^5$

解法のポイント

二項定理

$$(a+b)^n = a^n + {}_nC_1 a^{n-1}b^1 + {}_nC_2 a^{n-2}b^2 + \cdots\cdots$$
$$\cdots\cdots + {}_nC_{n-1}a^1 b^{n-1} + b^n$$

で表せる！！

解答

二項定理より、
$(a+b)^5$
$= a^5 + {}_5C_1 a^4 b^1 + {}_5C_2 a^3 b^2 + {}_5C_3 a^2 b^3 + {}_5C_4 a^1 b^4 + b^5$
ここで、${}_5C_1 = 5, \ {}_5C_2 = 10$
また、${}_nC_r = {}_nC_{n-r}$ より、
${}_5C_3 = {}_5C_2 = 10, \ {}_5C_4 = {}_5C_1 = 5$
よって、
$(a+b)^5 = a^5 + 5a^4 b^1 + 10a^3 b^2 + 10a^2 b^3 + 5a^1 b^4 + b^5$

$$\text{A.} \quad a^5 + 5a^4 b + 10a^3 b^2 + 10a^2 b^3 + 5ab^4 + b^5$$

テーマ157 場合の数②(二項定理②)

問

$(x+y)^{10}$ を展開したとき、x^6y^4 の係数を求めよ。

(係数とは、$x^{10}+\cdots+\underset{\uparrow}{\bigcirc}x^6y^4+\cdots+y^{10}$)

文字の前の数のこと

初動

二項定理を適用する
⇩
$(x+y)^n = x^n+\cdots+{}_nC_rx^{n-r}y^r+\cdots+y^n$ より、
$(x+y)^{10} = x^{10}+\cdots+{}_{10}C_rx^{10-r}y^r+\cdots+y^{10}$
⇩
x^6y^4 に着目すると、
$(x+y)^{10} = x^{10}+\cdots+{}_{10}C_4x^{10-4}y^4+\cdots+y^{10}$
$\phantom{(x+y)^{10}} = x^{10}+\cdots+{}_{10}C_4x^6y^4+\cdots+y^{10}$

あとは、係数 ${}_{10}C_4$ を計算するだけ!

解法のポイント

> **$(x+y)^n$ の展開式における係数の求め方**
>
> $(x+y)^n$ の $r+1$ 番目の項の係数は、
>
> $_nC_r x^{n-r} y^r$　で求まる！！
> 　　　　($r=0, 1, 2, \cdots$、$_nC_0=1$)
>
> (例)
>
> $(x+y)^8$ の $5+1(=6)$ 番目の項の係数
> $= {_8C_5} x^{8-5} y^5$

解答

$(x+y)^{10}$ を展開したとき、
$x^6 y^4$ の項は、二項定理より、

$_{10}C_4 x^{10-4} y^4 = {_{10}C_4} x^6 y^4$

$$= \frac{10 \times \overset{3}{\cancel{9}} \times \overset{1}{\cancel{8}} \times 7}{\underset{1}{\cancel{4}} \times \underset{1}{\cancel{3}} \times \underset{1}{\cancel{2}} \times 1} \times x^6 y^4$$

$= 210 x^6 y^4$

よって、$x^6 y^4$ の係数は、210

A. 210

テーマ158 確率（確率の基本問題①）

問

2個のさいころを同時に投げるとき、目の積が12になる確率を求めよ。

初動

積が12になる目の出方をすべて書き出す！

- ⚁, ⚅ … 2×6
- ⚂, ⚃ … 3×4
- ⚃, ⚂ … 4×3
- ⚅, ⚁ … 6×2

} この4通りだけ！

$$\text{求める確率} = \frac{\text{（積が12になる目の出方の場合の数）}}{\text{（すべての目の出方の場合の数）}}$$

解法のポイント

「すべての目の出方の場合の数」は、
2個のさいころにA, Bと名前をつけて考える！
⇓
Aの目に対して、Bの目は1〜6の6通りずつある。

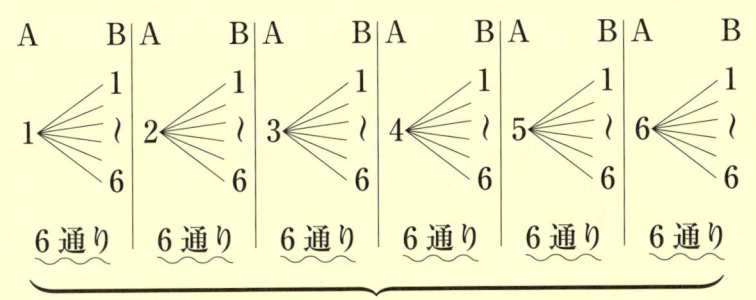

```
 A  B   A  B   A  B   A  B   A  B   A  B
    1      1      1      1      1      1
 1 〈 ⋮  2 〈 ⋮  3 〈 ⋮  4 〈 ⋮  5 〈 ⋮  6 〈 ⋮
    6      6      6      6      6      6
 6通り  6通り  6通り  6通り  6通り  6通り
```

よって、すべての目の出方は、6×6＝36通り！！

解答

積が12になる目の出方は、

(2, 6), (3, 4), (4, 3), (6, 2) の4通り。

また、すべての目の出方は、6×6＝36通り

よって、求める確率は、

$$\frac{4}{36} = \frac{1}{9}$$

A. $\dfrac{1}{9}$

確率（確率の基本問題②）

問

赤玉3個と青玉4個の合計7個を箱に入れ、その中から4個を同時に取り出すとき、赤玉と青玉が2個ずつになる確率を求めよ。

初動

合計7個から4個取り出す
　　　↳ 赤2個, 青2個になる確率
　　　　　　↓　　　　　↓
　　　（赤＝3個から2個）（青＝4個から2個）

求める確率 ＝ $\dfrac{（赤玉2個, 青玉2個を同時に取り出す場合の数）}{（7個から4個を取り出す場合の数）}$

解法のポイント

・箱から赤玉 2 個, 青玉 2 個を同時に取り出す場合の数

$$\begin{pmatrix} 赤玉3個から \\ 2個の選び方 \end{pmatrix} \times \begin{pmatrix} 青玉4個から \\ 2個の選び方 \end{pmatrix}$$

→ $\underline{{}_3C_2 (={}_3C_1)} \times {}_4C_2$

・合計 7 個から 4 個を取り出す場合の数

→ $\underline{{}_7C_4 (={}_7C_3)}$

解答

赤玉 2 個, 青玉 2 個を同時に取り出す場合の数は、
${}_3C_2 \times {}_4C_2$
7 個から 4 個を取り出す場合の数は、
${}_7C_4$
よって、求める確率は、

$$\frac{{}_3C_2 \times {}_4C_2}{{}_7C_4} = \frac{{}_3C_1 \times {}_4C_2}{{}_7C_3}$$

$$= \frac{3 \times 4 \times 3}{1 \times 2 \times 1} \div \frac{7 \times 6 \times 5}{3 \times 2 \times 1}$$

$$= \frac{3 \times \overset{2}{4} \times 3 \times \overset{1}{3} \times \overset{1}{2} \times 1}{1 \times \underset{1}{2} \times 1 \times 7 \times \underset{1}{6} \times 5}$$

$$= \frac{18}{35}$$

A. $\dfrac{18}{35}$

テーマ160 確率（確率の基本問題③）

問

A, B, C, D, E, F の 6 枚のカードをよくきってから一列に並べるとき、A と F のカードがともに両端にくる確率を求めよ。

初動

「両端が」ときたら、
両端とそれ以外を分けて考える！

$$\text{求める確率} = \frac{(\text{両端が A と F になる場合の数})}{(6 \text{枚を並べる場合の数})}$$

解法のポイント

・**両端に A, F がくる並び方**（考えられる場合の数）

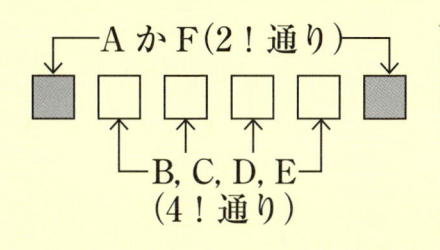

―A か F（2！通り）―
□ □ □ □ □ □
―B, C, D, E―
（4！通り）

両端の 2！通り
$\begin{pmatrix} \boxed{A\square\square\square\square F} \\ \boxed{F\square\square\square\square A} \end{pmatrix}$

のそれぞれに、B, C, D, E の 4！通りがある！！

→ $\begin{pmatrix} 両端に A, F がくる \\ 並び方の場合の数 \end{pmatrix} \times \begin{pmatrix} 真ん中に B, C, D, E の 4 枚 \\ がくる並び方の場合の数 \end{pmatrix}$

解答

両端に A, F がくる場合の数は、
A, F の 2 枚から 2 枚を並べる順列なので、2！通り。
また、真ん中に B, C, D, E の 4 枚がくる場合の数は、
4 枚を並べる順列なので、4！通り。
これより、
両端に A, F がくるように並べる場合の数は、
2！×4！通り。
ここで、6 枚を並べる場合の数は 6！通りより、
求める確率は、

$$\frac{2! \times 4!}{6!} = \frac{\overset{1}{\cancel{2}} \times 1 \times \overset{1}{\cancel{4}} \times \overset{1}{\cancel{3}} \times \overset{1}{\cancel{2}} \times 1}{\underset{3}{\cancel{6}} \times 5 \times \underset{1}{\cancel{4}} \times \underset{1}{\cancel{3}} \times \underset{1}{\cancel{2}} \times 1} = \frac{1}{15}$$

A. $\dfrac{1}{15}$

テーマ161 確率（確率の基本問題④）

問

A, B, C, D, E, F の6枚のカードをよくきってから一列に並べるとき、AとBのカードが隣り合う確率を求めよ。

初動

「隣り合う」ときたら、
AとBを1枚のカードと考える！

| AB | C | D | E | F |

求める確率 = $\dfrac{（AとBが隣り合う場合の数）}{（6枚を並べる場合の数）}$

解法のポイント

・A, B の 2 枚が隣り合う場合の数
① 隣り合う 2 枚を 1 枚と考える！！

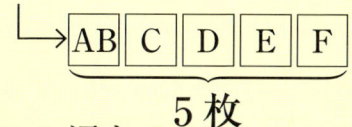

$$\underbrace{\boxed{AB}\boxed{C}\boxed{D}\boxed{E}\boxed{F}}_{5枚}$$

→ 5 枚の並び方は、5！通り

② 5！通りのそれぞれに
$\boxed{AB}$ と $\boxed{BA}$ (A, B 2 枚の並び方)の
2！通りがある！！

③ ①, ②より、考えられる場合の数は、
2！×5！ 通り

解答

A, B が隣り合う場合の数は、2！×5！通り。
6 枚を一列に並べる場合の数は、6！通り。
よって、求める確率は、

$$\frac{2! \times 5!}{6!} = \frac{\overset{1}{\cancel{2}} \times 1 \times \overset{1}{\cancel{5}} \times \overset{1}{\cancel{4}} \times \overset{1}{\cancel{3}} \times \overset{1}{\cancel{2}} \times 1}{\underset{3}{\cancel{6}} \times \underset{1}{\cancel{5}} \times \underset{1}{\cancel{4}} \times \underset{1}{\cancel{3}} \times \underset{1}{\cancel{2}} \times 1}$$

$$= \frac{1}{3}$$

A. $\underline{\dfrac{1}{3}}$

テーマ162 確率（和事象の確率①）

問

赤玉4個と青玉5個の合計9個を箱に入れ、その中から2個を取り出すとき、同じ色である確率を求めよ。

初動

合計9個から2個
↓
同じ色 ＜ 赤赤（赤4個から2個）
　　　　青青（青5個から2個）

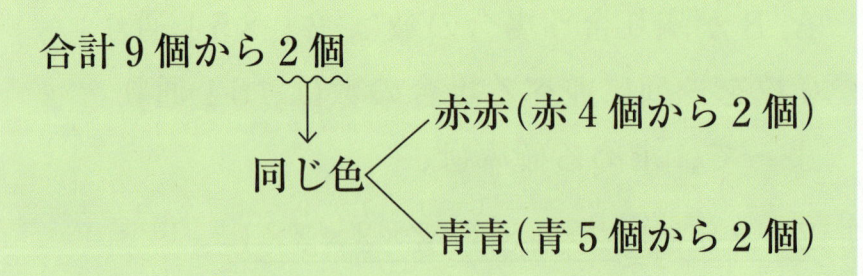

$$\text{求める確率} = \frac{\begin{pmatrix}\text{赤玉2個を}\\\text{取り出す場合の数}\end{pmatrix}}{\begin{pmatrix}\text{9個から2個を}\\\text{取り出す場合の数}\end{pmatrix}} + \frac{\begin{pmatrix}\text{青玉2個を}\\\text{取り出す場合の数}\end{pmatrix}}{\begin{pmatrix}\text{9個から2個を}\\\text{取り出す場合の数}\end{pmatrix}}$$

解法のポイント

確率の和

(赤, 赤)を取り出すことを A, (青, 青)を B とすると、A, B は同時には起こらない。

このとき、A または B が起こる確率を $P(A \cup B)$ と表す。

―― A または B が起こる確率 ――

$$P(A \cup B) = \underbrace{P(A)}_{A が起こる確率} + \underbrace{P(B)}_{B が起こる確率}$$

解答

取り出した玉が2個とも赤玉のとき、
赤玉4個から2個を取り出す場合の数なので、$_4C_2$ 通り。
取り出した玉が2個とも青玉のとき、
青玉5個から2個を取り出す場合の数なので、$_5C_2$ 通り。
また、合計9個から2個を取り出す場合の数は、$_9C_2$ 通り。
よって、求める確率は、

$$\frac{_4C_2}{_9C_2} + \frac{_5C_2}{_9C_2} = \frac{4 \times 3}{2 \times 1} \times \frac{2 \times 1}{9 \times 8} + \frac{5 \times 4}{2 \times 1} \times \frac{2 \times 1}{9 \times 8}$$

$$= \frac{1}{6} + \frac{5}{18}$$

$$= \frac{3 + 5}{18}$$

$$= \frac{4}{9}$$

A. $\dfrac{4}{9}$

テーマ163 確率（和事象の確率②）

問

1000枚のカードそれぞれに、1から1000までの数字が書かれている。この中から1枚引くとき、4または5の倍数が書かれたカードである確率を求めよ。

初動

4の倍数 → $1000 \div 4 = 250$（枚）
5の倍数 → $1000 \div 5 = 200$（枚）
20の倍数 → $1000 \div 20 = 50$（枚）
　↳ 4と5の最小公倍数

つまり、$\dfrac{250 + 200 - 50}{1000}$ を求めるだけ！

解法のポイント

$\begin{cases} 全体集合 U：1～1000 の整数 \\ 部分集合 A：4 の倍数 \\ 部分集合 B：5 の倍数 \\ \quad A\cap B：4 と 5 の公倍数 \\ \quad \text{(かつ)} \quad (\Leftrightarrow 20 の倍数) \end{cases}$

$U(1～1000)$
A（4の倍数）　B（5の倍数）
$A\cap B$（4と5の公倍数）

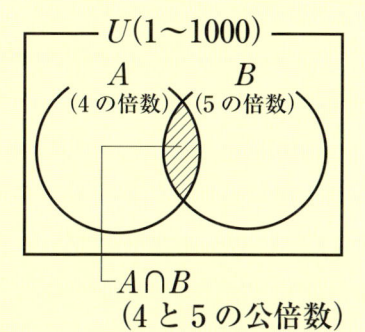

引いた1枚が4または5の倍数である確率は、

$$\boxed{P(A) + P(B) - P(A\cap B)}$$

となる！！

解答

1から1000の範囲で、
4の倍数は、$1000 \div 4 = \underline{250（枚）}$
5の倍数は、$1000 \div 5 = \underline{200（枚）}$
また、4と5の公倍数は、
4と5の最小公倍数20の倍数なので、
$1000 \div 20 = \underline{50（枚）}$
よって、求める確率は、

$$\frac{250}{1000} + \frac{200}{1000} - \frac{50}{1000} = \frac{400}{1000} = \frac{2}{5}$$

A. $\dfrac{2}{5}$

テーマ164　確率（余事象の確率）

問

3個のさいころを同時に投げるとき、少なくとも1個は3の目が出る確率を求めよ。

初動

少なくとも1個(のさいころ)は3の目が出る
⇩
3個投げて、
1個も3の目が出ない確率を求め、
1から引く！

解法のポイント

余事象

ある事象 A の余事象とは、A が起こらない事象のことであり、$\overline{A}$ と表す。
(Aバー)

このとき、$P(\overline{A}) = 1 - P(A)$ が成り立つ！

※「少なくとも」とあったら、余事象の確率を求め、1から引く!!

(例)
「3個のさいころを投げて、少なくとも1個は3の目が出る事象」を A とすると、$\overline{A}$ は、「1個も3の目が出ない事象」となる!!

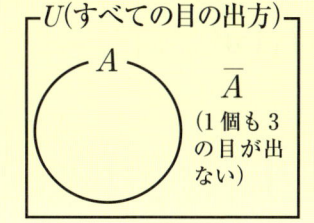

U(すべての目の出方)
A
$\overline{A}$ (1個も3の目が出ない)

解答

すべての目の出方は、
$6 \times 6 \times 6 = 216$ 通り。
3の目が1個も出ない出方は、
それぞれのさいころの目が、
$1, 2, 4, 5, 6$ の5通りずつ出る場合なので、
$5 \times 5 \times 5 = 125$ 通り。
よって、求める確率は、
$1 - \dfrac{125}{216} = \dfrac{91}{216}$

A. $\dfrac{91}{216}$

テーマ165 確率（独立試行）

問

赤玉4個,白玉3個の合計7個が入っている箱から、
2個取り出して（1回目）戻し、
再び2個を取り出す（2回目）。
このとき、1回目が2個とも赤玉で、
2回目が2個とも白玉である確率を求めよ。

初動

【1回目】
7個から2個
　　　↓
　　（赤, 赤）

【2回目】
7個から2個
　　　↓
　　（白, 白）

求める確率
＝{1回目（赤, 赤）の確率}×{2回目（白, 白）の確率}

解法のポイント

試行
「さいころを投げる」「カードを引く」など、確率を生じさせる行為を「試行」という。

独立試行
2つの試行において、一方の試行がもう一方の試行の結果に影響を及ぼさないとき、「2つの試行は独立である」という。

独立試行の確率
2つの独立試行において、それぞれの結果起こる事象をA, Bとするとき、A, Bが起こる確率は、
$\underline{P(A) \times P(B)}$
となる！！

解答

$\begin{cases} 赤玉2個を取り出す場合の数は、 {}_4C_2 \\ 白玉2個を取り出す場合の数は、 {}_3C_2 \\ 合計7個から2個を取り出す場合の数は、 {}_7C_2 \end{cases}$

よって、

2個とも赤玉である確率は、$\dfrac{{}_4C_2}{{}_7C_2}$

2個とも白玉である確率は、$\dfrac{{}_3C_2}{{}_7C_2}$

なので、求める確率は、

$\dfrac{{}_4C_2}{{}_7C_2} \times \dfrac{{}_3C_2}{{}_7C_2} = \left(\dfrac{4 \times 3}{2 \times 1} \times \dfrac{2 \times 1}{7 \times 6}\right) \times \left(\dfrac{3 \times 2}{2 \times 1} \times \dfrac{2 \times 1}{7 \times 6}\right)$

$= \dfrac{2}{49}$

A. $\dfrac{2}{49}$

テーマ166 確率（反復試行）

問

さいころを5回続けて投げるとき、1の目が3回出る確率を求めよ。

初動

$\begin{cases} 1の目が出る確率は、\dfrac{1}{6} \\ 1以外の目が出る確率は、\dfrac{5}{6} \end{cases}$

⇩

5回のうち、1の目が初めの3回に出る確率は、

$$\dfrac{1}{6} \times \dfrac{1}{6} \times \dfrac{1}{6} \times \dfrac{5}{6} \times \dfrac{5}{6}$$

⇩

5回のうち、1の目が3回出る場所の組合せは、何通りあるか？

⇩

$_5C_3$ 通りをかけあわせるだけ！

解法のポイント

1～5回から、1の目が3回出る場所（回）を
選ぶ場合の数は、$_5C_3(=\ _5C_2)$。

| 1回目 | 2回目 | 3回目 | 4回目 | 5回目 |

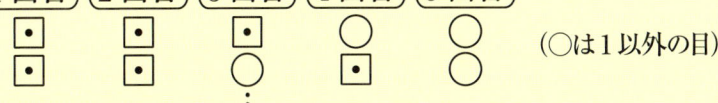

（○は1以外の目）

反復試行 → 独立試行を何回もくり返す試行のこと。

（例）
- さいころを何回投げても、前の結果は次の結果に影響しない
　⇒独立試行
- 何回も続けてさいころを投げる試行
　⇒反復試行

解答

1～5回から、1の目が3回出る場所を選ぶ場合の数は、
$_5C_3$（＝1以外の目が2回出る場所を選ぶ場合の数は$_5C_2$）。
また、それぞれの場合で、
1の目が3回，1以外の目が2回出る確率は、
$$\frac{1}{6}\times\frac{1}{6}\times\frac{1}{6}\times\frac{5}{6}\times\frac{5}{6}=\left(\frac{1}{6}\right)^3\times\left(\frac{5}{6}\right)^2$$
よって、求める確率は、
$$_5C_3\left(\frac{1}{6}\right)^3\times\left(\frac{5}{6}\right)^2=\ _5C_2\left(\frac{1}{6}\right)^3\times\left(\frac{5}{6}\right)^2$$
$$=\frac{5\times 4}{2\times 1}\times\frac{5^2}{6^5}=\frac{125}{3888}$$

A. $\dfrac{125}{3888}$

テーマ167 確率（期待値①）

問

さいころを1回投げるときの、出る目の期待値を求めよ。

初動

さいころの期待値は、
（出る目）×（確率）　の合計！

出る目	1	2	3	4	5	6
確率	$\frac{1}{6}$	$\frac{1}{6}$	$\frac{1}{6}$	$\frac{1}{6}$	$\frac{1}{6}$	$\frac{1}{6}$

図に表してみる！

解法のポイント

期待値の定義

ある試行の結果(値)が $x_1 \sim x_n$ の n 通りで、それぞれが起こる確率を $p_1 \sim p_n$ とすると、1回の試行による期待値 E は、

$$E = x_1 p_1 + x_2 p_2 + \cdots\cdots + x_n p_n$$

となる!!

解答

期待値の定義に従って計算すると、

$$1 \times \frac{1}{6} + 2 \times \frac{1}{6} + 3 \times \frac{1}{6} + 4 \times \frac{1}{6} + 5 \times \frac{1}{6} + 6 \times \frac{1}{6}$$
$$= (1+2+3+4+5+6) \times \frac{1}{6}$$
$$= 21 \times \frac{1}{6}$$
$$= \frac{7}{2}$$

A. $\dfrac{7}{2}$

テーマ168 確率（期待値②）

問

1等10,000円が1本、2等5,000円が3本、3等1,000円が10本、4等500円が20本、はずれが66本のくじがある。
このくじを1回引くときの賞金の期待値を求めよ。

初動

すべてのくじの本数は、
1+3+10+20+66＝100（本）なので、

⇩

	1等	2等	3等	4等	はずれ
賞金	10,000円	5,000円	1,000円	500円	0円
確率	$\frac{1}{100}$	$\frac{3}{100}$	$\frac{10}{100}$	$\frac{20}{100}$	$\frac{66}{100}$

図に表してみる！

解法のポイント

くじは全部で100(本)ある。なので、

(賞金総額)

$= (10000 \times 1) + (5000 \times 3) + (1000 \times 10) + (500 \times 20) + (0 \times 66)$

を100(本)で割って、1回の試行結果の平均を求めても、期待値と同じ値になる！！

解答

くじは全部で100本あるので、
1回引いたときの賞金の期待値は、

$10000 \times \dfrac{1}{100} + 5000 \times \dfrac{3}{100} + 1000 \times \dfrac{10}{100} + 500 \times \dfrac{20}{100} + 0 \times \dfrac{66}{100}$

$= 100 + 150 + 100 + 100$

$= 450$円

A. 450円

テーマ169 三角形と円の性質（三角形の3辺の長さの関係）

問

3辺の長さがそれぞれ、$a, 15, 7$ の三角形があるとき、a の範囲を求めよ。

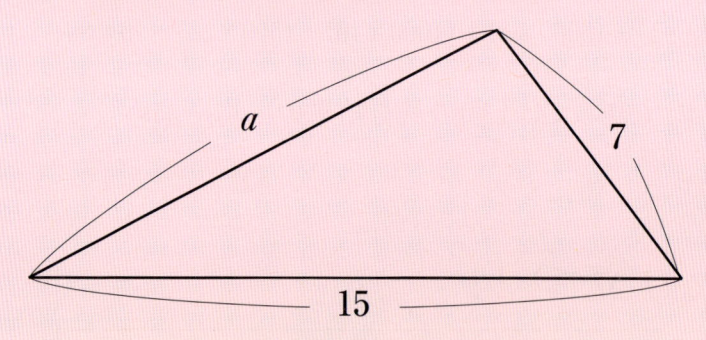

初動

3辺の長さ $a, 15, 7$ を
三角形の成立条件
$$\begin{cases} a+b>c \\ b+c>a \\ c+a>b \end{cases}$$
に代入するだけ！

解法のポイント

【三角形の成立条件】

$a+b>c$
$b+c>a$
$c+a>b$
が成り立つ！！

解答

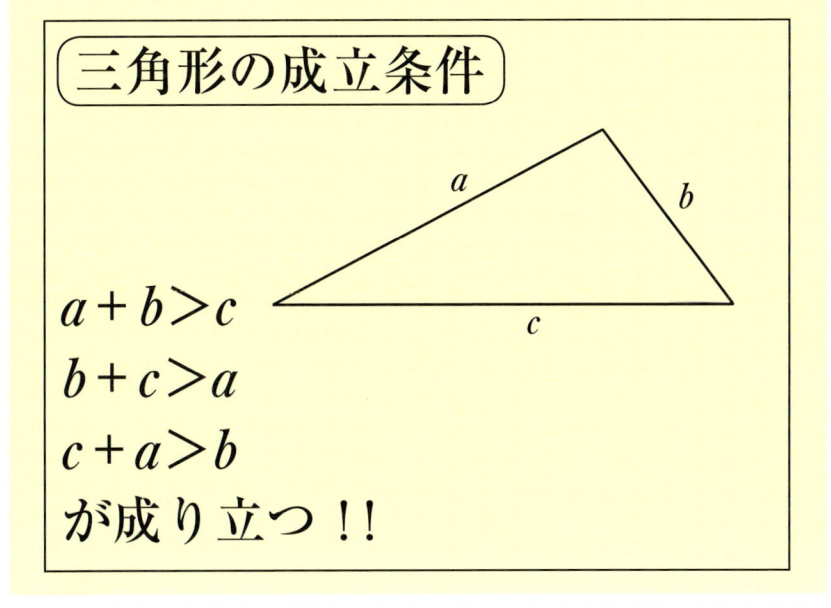

三角形の成立条件より、
$\begin{cases} a+7>15 \cdots\cdots ① \\ 7+15>a \cdots\cdots ② \\ 15+a>7 \cdots\cdots ③ \end{cases}$

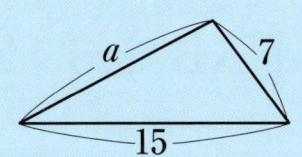

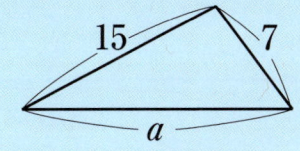

①より、$a>8$
②より、$22>a$
③より、$a>-8$
よって、$8<a<22$

A. $8<a<22$

テーマ 170　三角形と円の性質（線分の外分点）

問

x 軸上において、
$x=0$ の点を A, $x=5$ の点を B とする。
このとき、線分 AB を $3:2$ に
外分する点 P の x の値を求めよ。

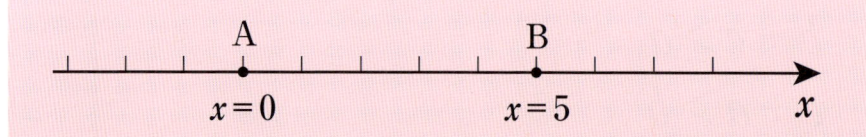

```
    A           B
 ―――●―――――――――●―――――→
    x=0         x=5         x
```

初動

線分 AB を $3:2$ に外分する点 P
⇓

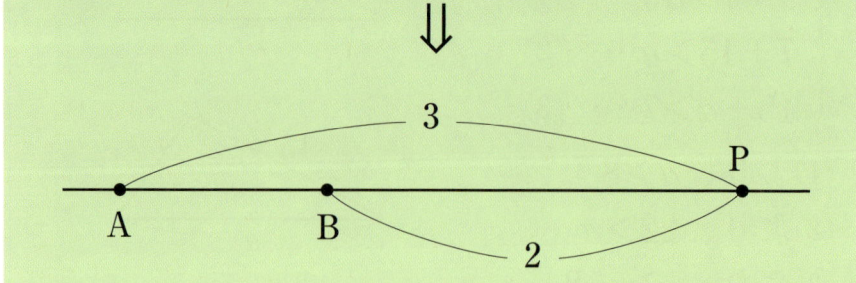

```
            ―― 3 ――
       ●――――●――――――――●
       A    B         P
             ―― 2 ――
```

であることに気づく！

解法のポイント

内分点
線分 AB を $m:n$ に内分する点 P のこと。

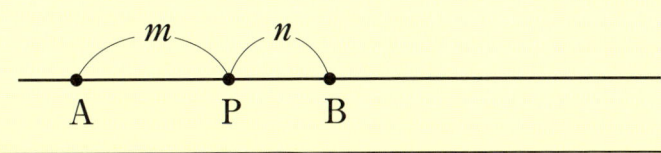

```
   m      n
A──────P────B
```

外分点
線分 AB を $m:n$ に外分する点 Q のこと。

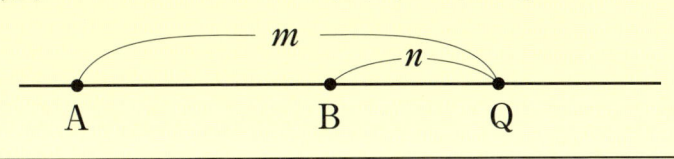

```
         m
A──────────────────
        B    n   Q
```

解答

$AP : BP = 3 : 2$ より、
$AP : AB = 3 : (3-2)$
$\qquad\quad = 3 : 1$

なので、
P は A から正方向に、
AB 間の大きさ 5 の 3 倍進んだ点である。
よって、点 P の x の値は、
$x = 5 \times 3 = 15$

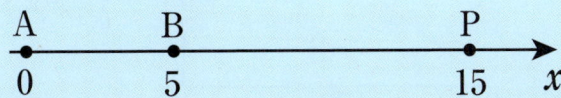

```
A    B         P
●────●─────────●────→
0    5         15   x
```

A. 15

テーマ171 三角形と円の性質（角の二等分線と比）

問

△ABC において、
∠A の二等分線と BC の交点を
P とするとき、PC を求めよ。
ただし AB = 10, BC = 8, CA = 6 とする。

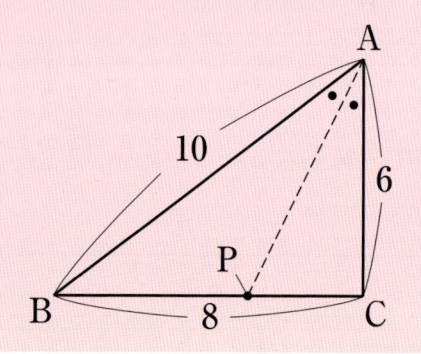

初動

∠A の二等分線と BC の交点が P
⇩
AB : AC = BP : PC
であることに気づく！

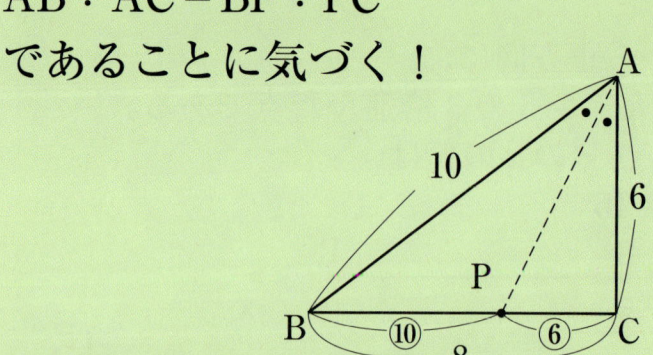

解法のポイント

角の二等分線と比の定理

△ABC において、
∠A の二等分線と
BC との交点が P のとき、
AB：AC = BP：PC

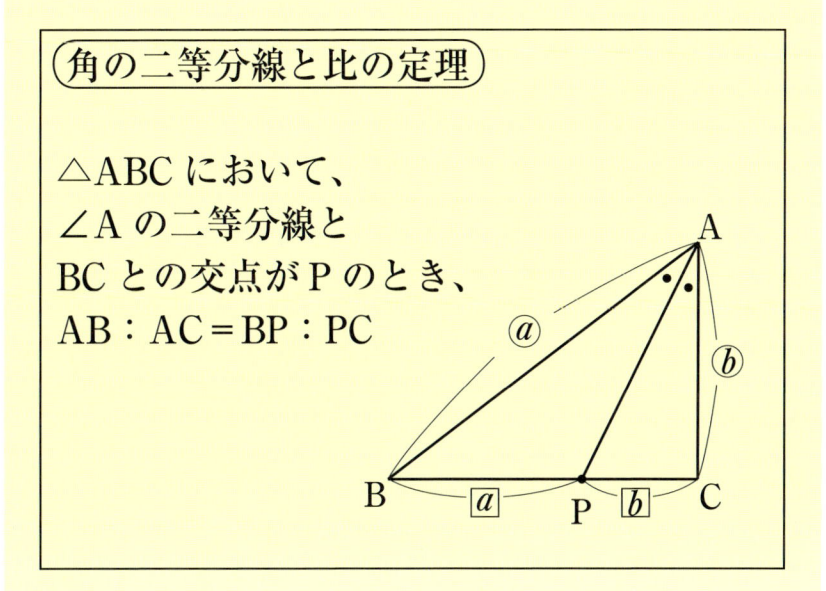

解答

角の二等分線と比の定理より、
AB：AC = BP：PC
$= 10：6$
$= 5：3$
よって BC = 8 より、
$PC = BC \times \dfrac{3}{5+3}$
$= 8 \times \dfrac{3}{8}$
$= 3$

A. 3

テーマ172 三角形と円の性質（三角形の内心）

問

次の図で I が △ABC の内心であるとき、∠A を求めよ。
ただし、∠IBC = 20°, ∠ICB = 35° とする。

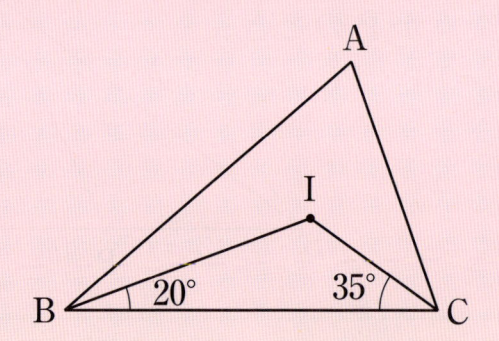

初動

まず、I を中心とした内接円を書く！

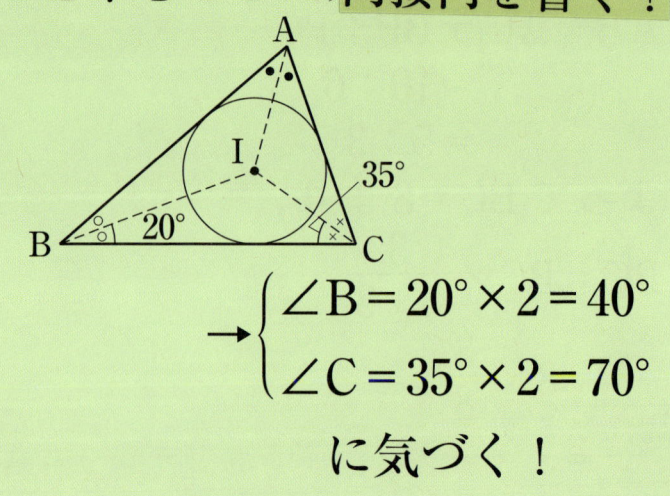

→ $\begin{cases} ∠B = 20° \times 2 = 40° \\ ∠C = 35° \times 2 = 70° \end{cases}$

に気づく！

解法のポイント

内心…内接円の中心のこと。

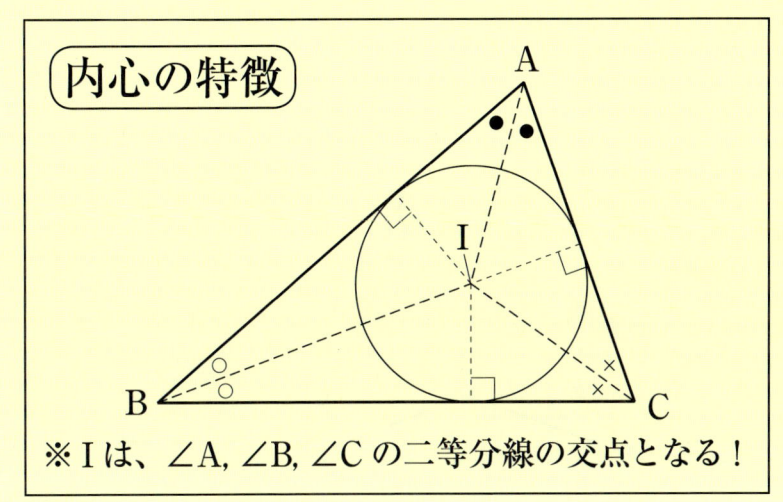

内心の特徴

※ Iは、∠A, ∠B, ∠C の二等分線の交点となる！

解答

∠B = ∠IBC × 2 = 40°
∠C = ∠ICB × 2 = 70°
よって、
∠A = 180° − (40° + 70°)
　　 = 70°

A． 70°

テーマ173 三角形と円の性質（三角形の外心）

問

次の図でOが△ABCの外心であるとき、∠OBCを求めよ。
ただし、∠A = 70°とする。

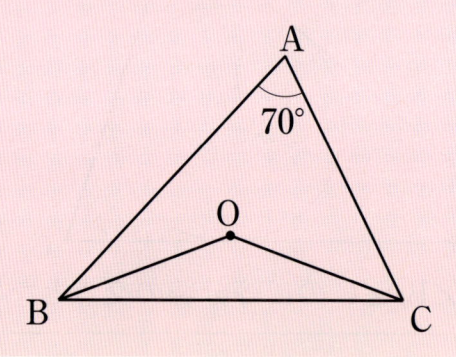

```
        A
       70°
        
        O
    B       C
```

初動

まず、Oを中心とした外接円を書く！
⇩
∠BOCと∠BACは、
同じ弧の中心角と円周角であることに気づく！

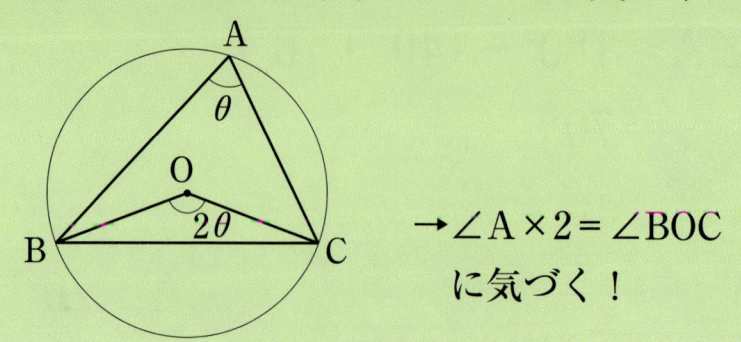

```
        A
        θ
        O
      2θ
    B       C
```

→ ∠A × 2 = ∠BOC に気づく！

解法のポイント

外心(がいしん)…外接円の中心のこと。

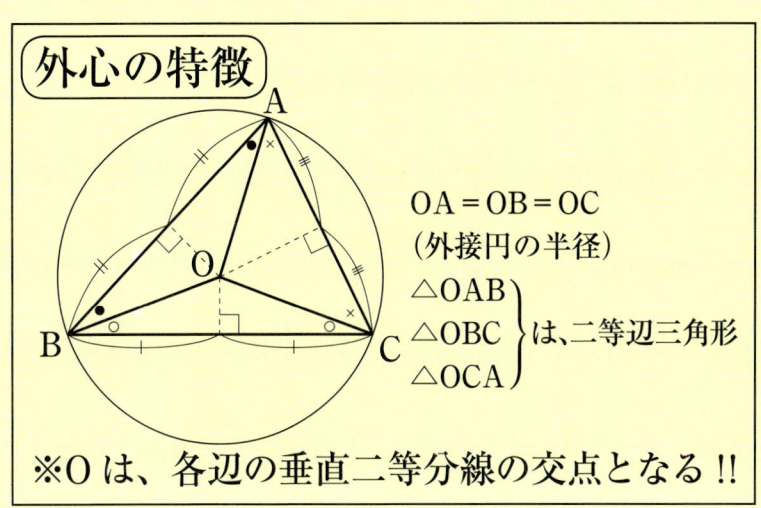

外心の特徴

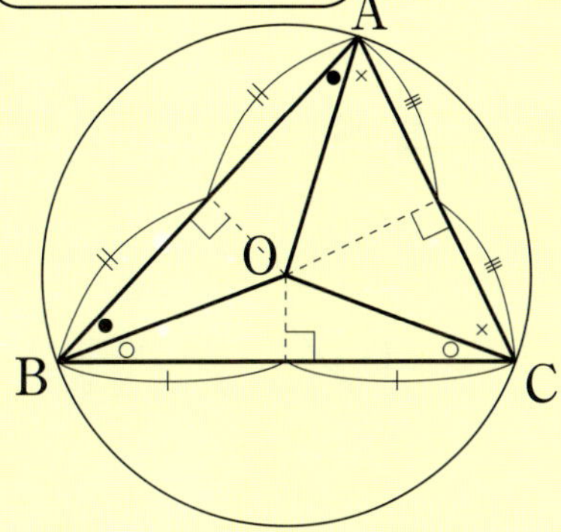

OA＝OB＝OC
（外接円の半径）

△OAB
△OBC
△OCA
は、二等辺三角形

※O は、各辺の垂直二等分線の交点となる !!

解答

O は△ABC の外接円の中心より、
∠BOC は弧 BC の中心角で、
∠BAC は弧 BC の円周角となる。
よって、

∠BOC＝∠BAC×2
　　　＝70°×2
　　　＝140°

△OBC は、OB＝OC の二等辺三角形より、

∠OBC＝（180°－140°）÷2
　　　＝20°

A.　20°

テーマ174 三角形と円の性質（三角形の重心）

問

△ABC において、
AB, BC, CA の中点を
それぞれ D, E, F とする。
AE, BF, CD の交点を G,
△ABC の面積を 1 とするとき、
△GBE の面積を求めよ。

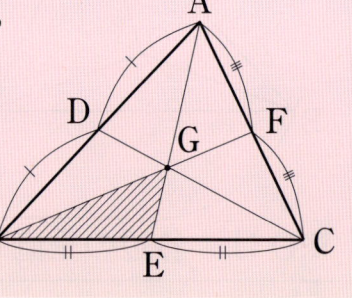

初動

△ABE の面積は、
△ABC の半分！
⇒
△ABC について、
G は重心なので、
AG : GE = 2 : 1
に気づく！

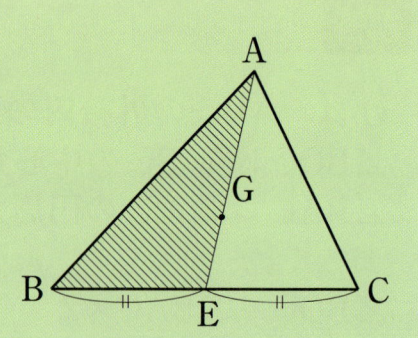

解法のポイント

重心…三角形の中線の交点のこと。
※中線：頂点と、対辺の中点を結んだ線分

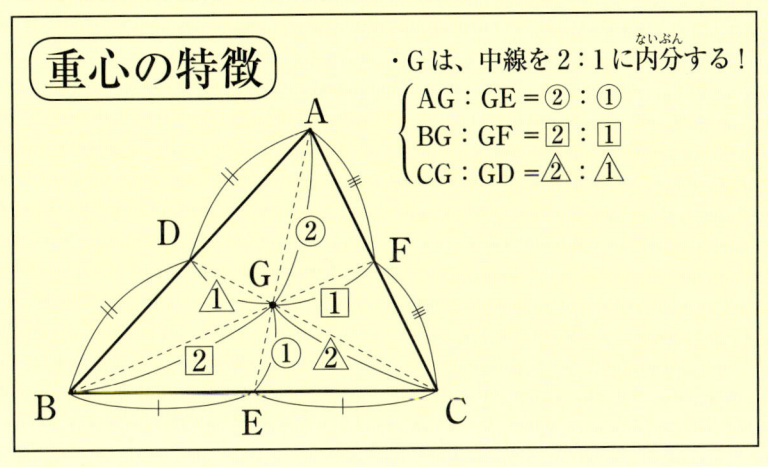

重心の特徴

・Gは、中線を2：1に内分する！
$\begin{cases} AG : GE = ② : ① \\ BG : GF = \boxed{2} : \boxed{1} \\ CG : GD = \triangle\!\!\!\!2 : \triangle\!\!\!\!1 \end{cases}$

解答

$\triangle ABE = \triangle ABC \times \dfrac{1}{2} = \dfrac{1}{2}$

また、AG：GE＝2：1より、AE：GE＝3：1
△ABE, △GBE の底辺をそれぞれ、AE, GE とすると、高さが等しいことから、

$\triangle GBE = \triangle ABE \times \dfrac{1}{3}$

よって、

$\triangle GBE = \triangle ABC \times \dfrac{1}{2} \times \dfrac{1}{3}$
$\qquad\quad\; = 1 \times \dfrac{1}{2} \times \dfrac{1}{3}$
$\qquad\quad\; = \dfrac{1}{6}$

A. $\dfrac{1}{6}$

テーマ175 三角形と円の性質（円に内接する四角形①）

問

四角形 ABCD において、
∠BAC = ∠BDC = 70°，
∠ABC = 85° のとき、
∠ADB を求めよ。

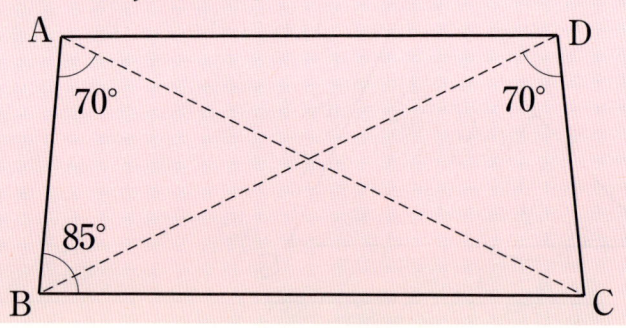

初動

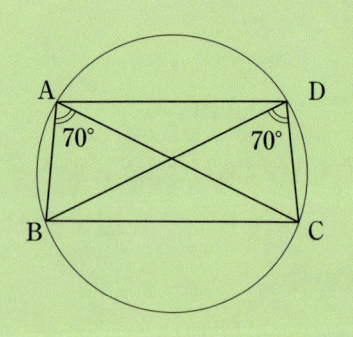

∠BAC = BDC から、
「4点 A, B, C, D は同一円周上にある」
ことに気づく！

⇒

四角形 ABCD は、円に内接！

⇒

円に内接する四角形 ABCD の対角の和は、180° であることを利用する！

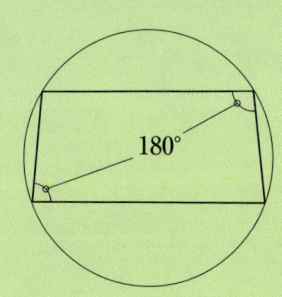

解法のポイント

円に内接する四角形 ABCD では、
対角の和は 180°

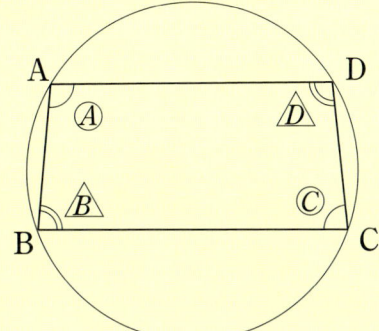

⇓

$\angle A + \angle C = 180°$
$\angle B + \angle D = 180°$

解答

$\angle BAC = BDC$ より、
4 点 A, B, C, D は同一円周上にあり、
四角形 ABCD は、円に内接することがわかる。
なので、
$\angle ABC + \angle ADC = 180°$ より、
$\angle ADC = 180° - 85° = 95°$
よって、
$\angle ADB = 95° - 70° = 25°$

A. 25°

テーマ176 三角形と円の性質（円に内接する四角形②）

問

次の図において、角 θ の値を求めよ。

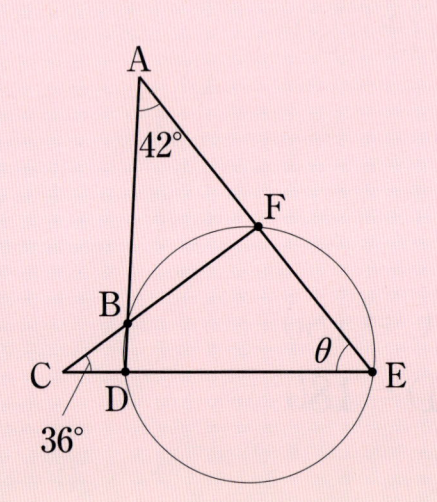

初動

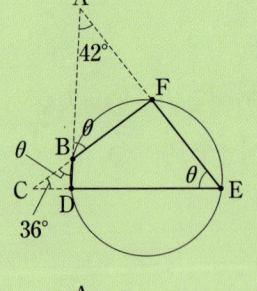

円に内接する四角形に気づく！

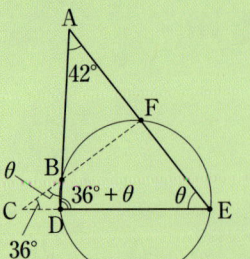

$\Downarrow$

三角形の外角の特徴に気づく！

解法のポイント

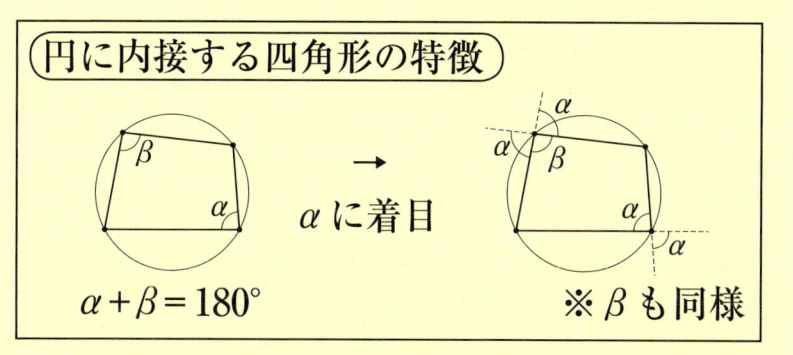

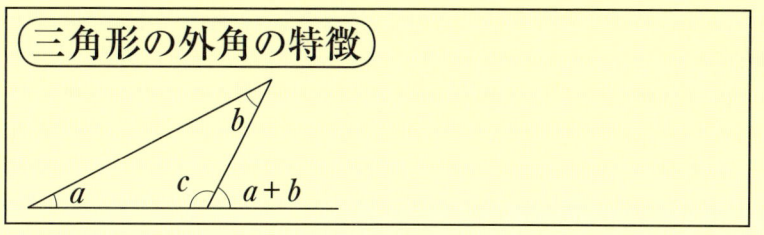

円に内接する四角形の特徴

$\alpha + \beta = 180°$

→ α に着目

※ β も同様

三角形の外角の特徴

解答

円に内接する四角形の特徴より、
$\angle CBD = \angle ABF = \angle E = \theta$
また、三角形の外角の特徴より、
$\angle ADE = \angle BCD + \angle CBD = 36° + \theta$
よって、
△ADE の3つの内角の和は、
$42° + \theta + (36° + \theta) = 180°$ なので、
$\theta = \dfrac{180° - (42° + 36°)}{2}$
$= \dfrac{102°}{2}$
$= 51°$

A. $51°$

テーマ177 三角形と円の性質（円と接線の長さ）

問

次の直角三角形 ABC において、周(しゅう)の長さ（= AB + BC + CA）が 24,内接円 O の半径が 2 であるとき、辺 AC の長さを求めよ。
（ただし、D, E, F は接点。）

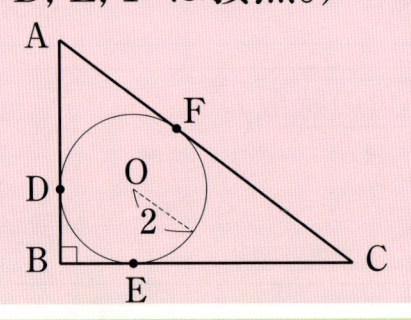

初動

AD = AF, CE = CF に気づく！

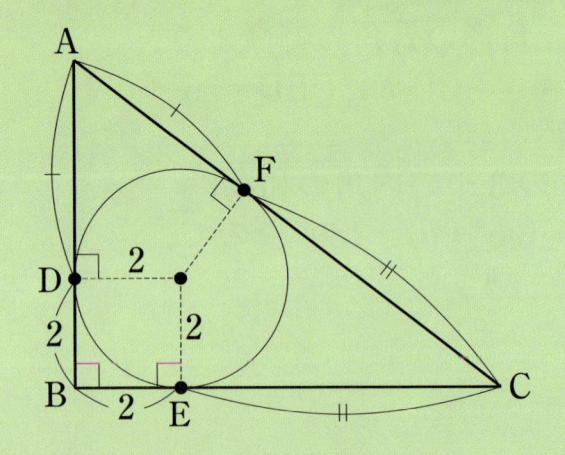

394

解法のポイント

接線の定理

ある円の外側の点 P から円に引いた接線の接点を A, B とすると、

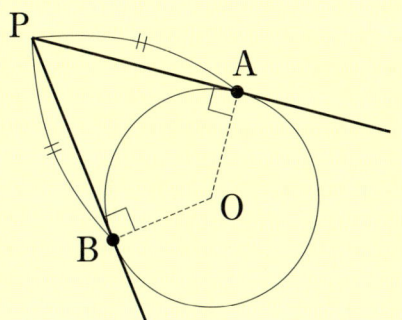

$PA = PB$
が成り立つ!!

解答

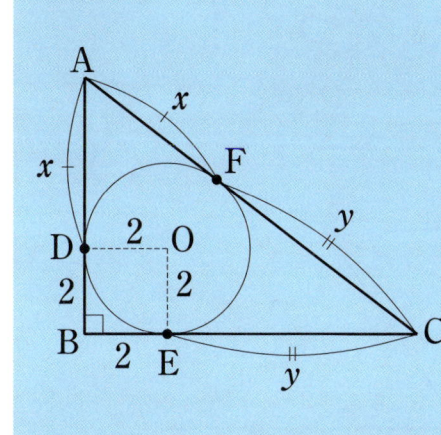

接線の定理より、
$$\begin{cases} AD = AF = x \\ CE = CF = y \\ BD = BE = 2 \end{cases}$$
として計算すると、
$AC = x + y$
ここで、
$2x + 2y + 2 \times 2 = 24$ より、
$2(x + y) = 20$
$x + y = \dfrac{20}{2}$
$\quad\quad = 10$
よって、$AC = 10$

A. 10

テーマ178 三角形と円の性質（接線と弦の作る角）

問

次の図において、点 A で円と接する接線上の点を T とするとき、∠BAT を求めよ。

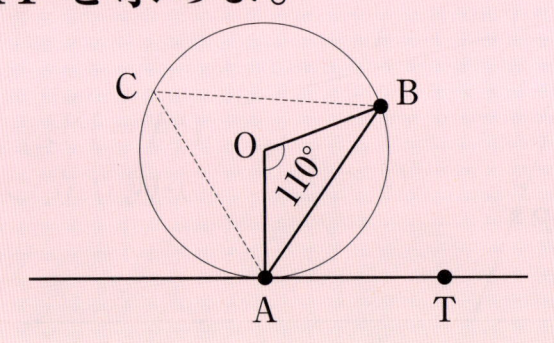

初動

∠BAT = ∠ACB に気づく！

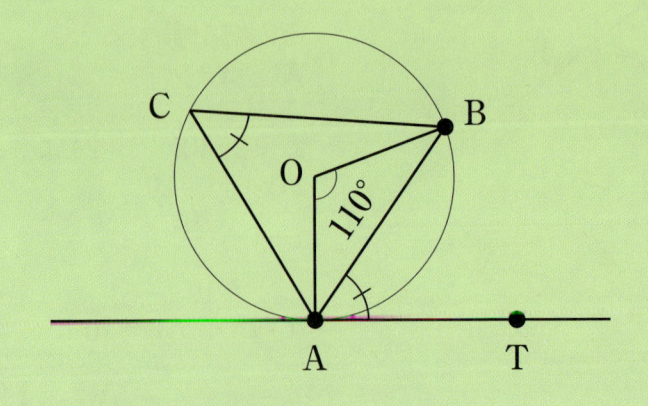

解法のポイント

接弦定理

AT が円の接線の場合、
∠BAT = ∠ACB
が成り立つ !!

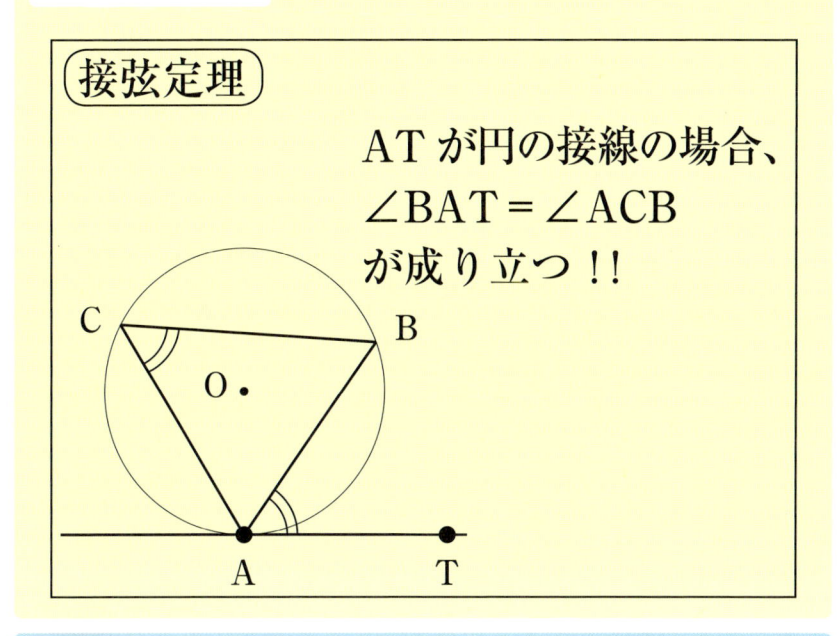

解答

円周角 ACB は、中心角 AOB の $\frac{1}{2}$ なので、

角 ACB = 110° ÷ 2
     = 55°

接弦定理より、
∠BAT = ∠ACB = 55°

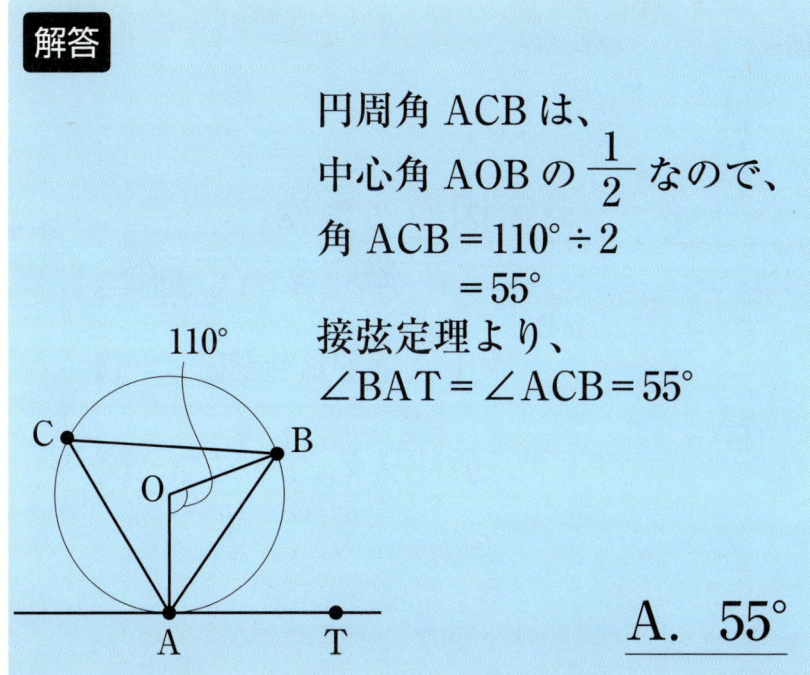

A. 55°

テーマ179 三角形と円の性質（方べきの定理①）

問

次の図において、円Oの中心から、弦ABに垂線を下ろし、交点をPとする。
次に、点Pを通る弦CDを引く。
CP＝4, PD＝9のとき、ABを求めよ。

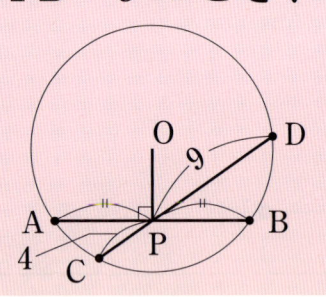

初動

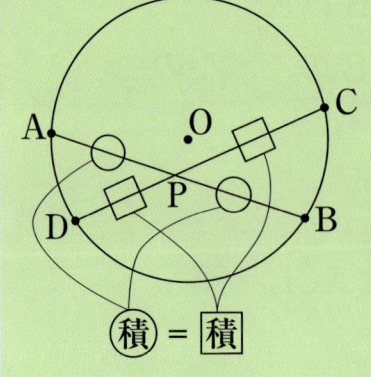

図のときは、

―― 方べきの定理 ――
$$PA \times PB = PC \times PD$$

が使えることに気づく！

解法のポイント

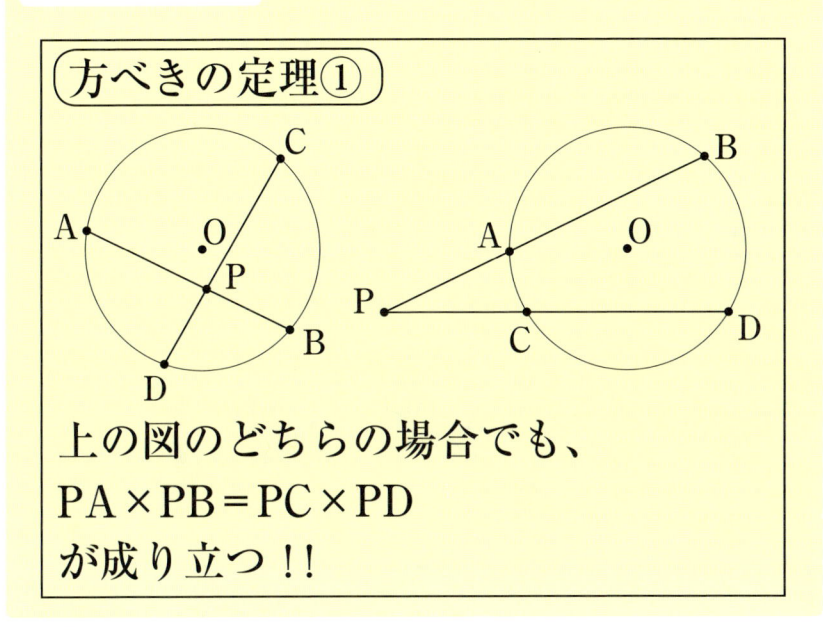

方べきの定理①

上の図のどちらの場合でも、
$PA \times PB = PC \times PD$
が成り立つ!!

解答

方べきの定理より、
$PA \times PB = PC \times PD$
$ = 4 \times 9$
$ = 36$
ここで $PA = PB$ より、
$PA^2 = 36$
$PA > 0$ より $PA = 6$
よって、
$AB = 6 \times 2 = 12$

A. 12

テーマ180 三角形と円の性質（方べきの定理②）

問

点Pを通り、点Tで円Oと接する接線と、点Pを通り、PA＝AB＝3となるように円OとA, Bとが交わる直線があるとき、PTを求めよ。

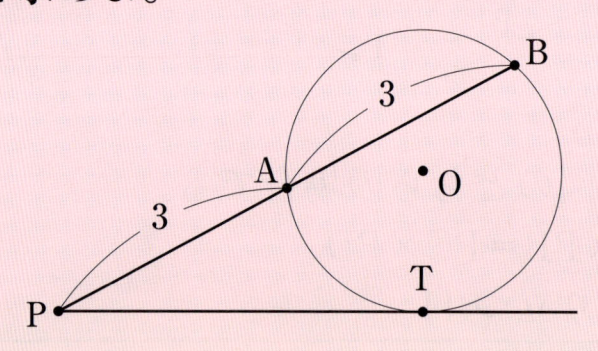

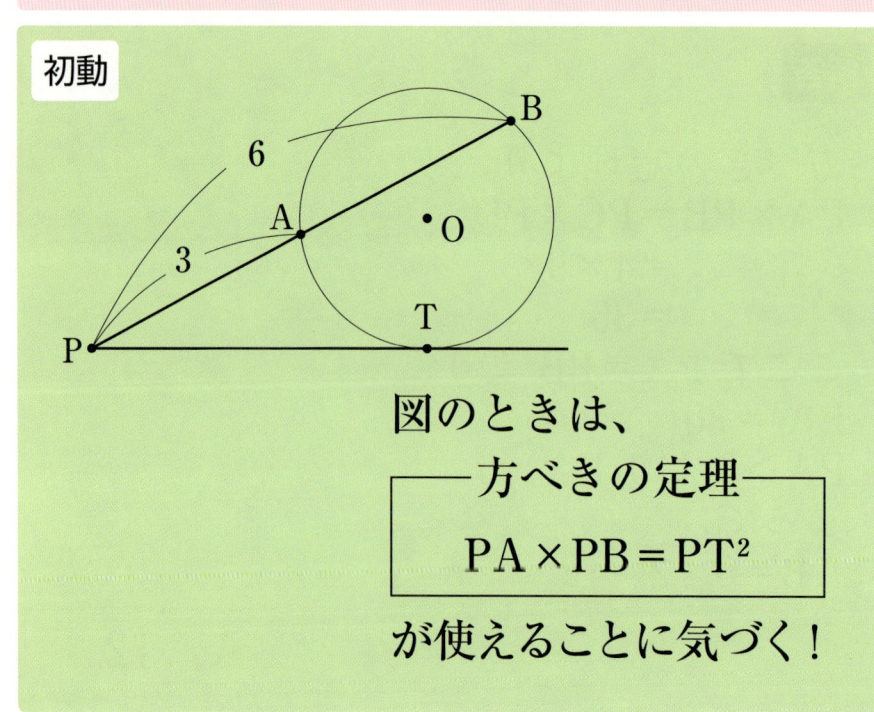

初動

図のときは、

──方べきの定理──
$$PA \times PB = PT^2$$

が使えることに気づく！

解法のポイント

方べきの定理②

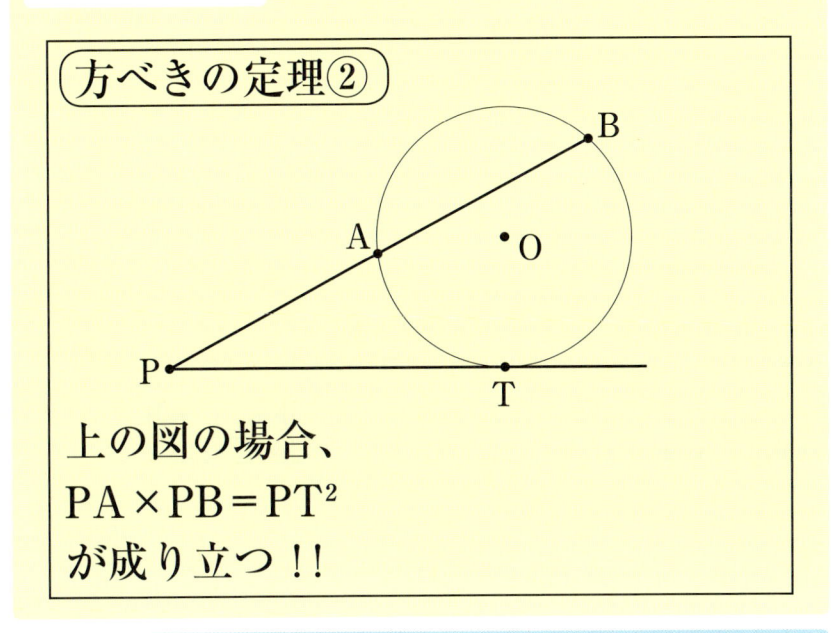

上の図の場合、
$PA \times PB = PT^2$
が成り立つ！！

解答

$PA = 3$
$PB = 3 + 3 = 6$
よって、
方べきの定理より、
$PT^2 = PA \times PB$
$\quad\quad = 3 \times 6$
$\quad\quad = 18$
$PT > 0$ より
$PT = \sqrt{18} = 3\sqrt{2}$

A. $3\sqrt{2}$

1分経過 チェックシート

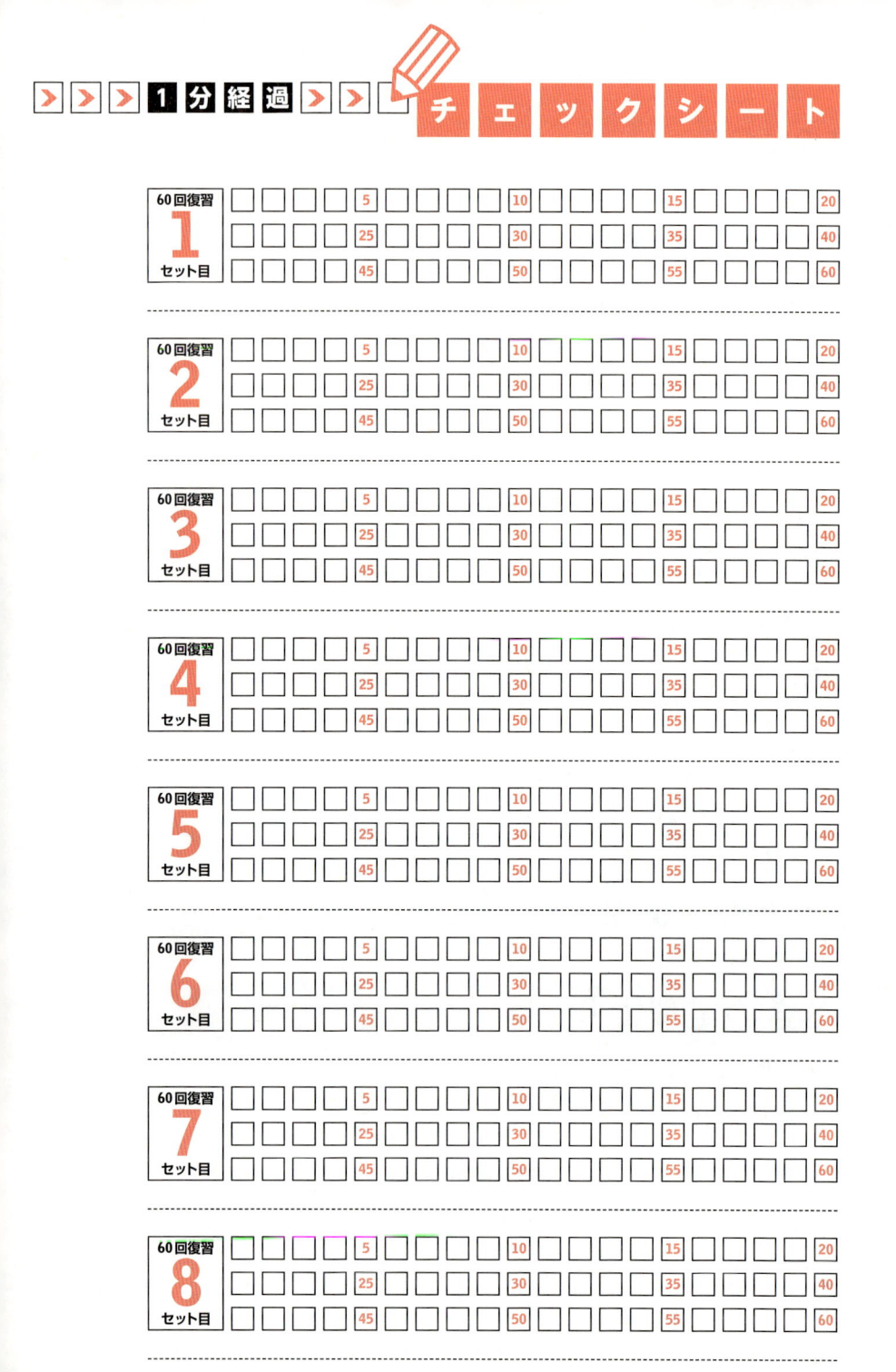

1セット目 60回復習

2セット目 60回復習

3セット目 60回復習

4セット目 60回復習

5セット目 60回復習

6セット目 60回復習

7セット目 60回復習

8セット目 60回復習

INDEX

※数字は、「問題の番号」を示しています。
「ページ数」ではありませんので、ご注意ください。

あ

- □ 因数分解 — 13
- □ 上に凸の放物線 — 63
- □ 裏 — 134
- □ 鋭角(えいかく) — 101
- □ 円周角 — 173
- □ 円順列の公式 — 144
- □ 円に内接する四角形 — 175, 176
- □ 同じものを含む順列 — 153

か

- □ 階乗(かいじょう) — 143
- □ 外心(がいしん) — 173
- □ 外接円 — 111
- □ 解の公式 — 53, 91
- □ 外分(がいぶん) — 170
- □ 外分点(がいぶん) — 170
- □ 角の二等分線と比の定理 — 171
- □ 確率の和 — 162
- □ 傾き — 61
- □ かつ — 121
- □ 仮定 — 127
- □ 偽 — 127
- □ 期待値 — 167
- □ 逆 — 134
- □ $(90°-\theta)$の三角比の公式 — 108
- □ 球の体積の公式 — 117
- □ 球の表面積の公式 — 118
- □ 挟角(きょうかく) — 115
- □ 共通部分 — 121
- □ 共有点 — 64
- □ 区画の順列 — 154
- □ 組合せの公式 — 147
- □ 組分け — 151
- □ 係数 — 157
- □ 結論 — 127
- □ 原点 O — 43
- □ 弧(こ) — 173
- □ 交点 — 64
- □ 降べきの順(こう) — 1
- □ コサイン(cos) — 97

403

さ

- □ 最小値 　　　　　　　　　　76
- □ 最大値 　　　　　　　　　　77
- □ 最短経路 　　　　　　154, 155
- □ サイン(sin) 　　　　　　　　97
- □ 座標 　　　　　　　　　　　64
- □ 三角形の外角の特徴 　　　　176
- □ 三角形の外接円 　　　　　　111
- □ 三角形の成立条件 　　　　　169
- □ 三角形の面積の公式 　　　　115
- □ 三角比の相互関係の公式 　　101
- □ 三角比の定義 　　　　　　　97
- □ 30°の三角比 　　　　　　　100
- □ 試行 　　　　　　　　　　 165
- □ 下に凸の放物線 　　　　　　63
- □ 実数解のない2次方程式 　　 55
- □ 周 　　　　　　　　　　　 177
- □ 重解 　　　　　　　　　　　87
- □ 重心 　　　　　　　　　　 174
- □ 重心の特徴 　　　　　　　 174
- □ 重複順列 　　　　　　　　 145
- □ 十分条件 　　　　　　　　 131
- □ 樹形図 　　　　　　　　　 135
- □ 循環小数 　　　　　　　　　25
- □ 順列の公式 　　　　　　　 142

- □ 条件 　　　　　　　　　　 127
- □ 真 　　　　　　　　　　　 127
- □ 垂線 　　　　　　　　　　 179
- □ 図形の面積比 　　　　　　 119
- □ 正弦 　　　　　　　　　　　97
- □ 正弦定理 　　　　　　　　 111
- □ 正接 　　　　　　　　　　　97
- □ 正多角形の面積 　　　　　 116
- □ 積の法則 　　　　　　　　 137
- □ 接弦定理 　　　　　　　　 178
- □ 接線の定理 　　　　　　　 177
- □ 絶対値 　　　　　　　　　　43
- □ 接点 　　　　　　　　　　　65
- □ 切片 　　　　　　　　　　　61
- □ 全体集合 　　　　　　　　 123
- □ 線分 　　　　　　　　　　 170
- □ 素因数分解 　　　　　 139, 140
- □ 相似比 　　　　　　　　　 119

た

- □ 対偶 　　　　　　　　　　 134
- □ 対称移動 　　　　　　　　　73
- □ 体積比 　　　　　　　　　 120
- □ 多項式 　　　　　　　　　　 1
- □ タスキがけ 　　　　　　 17, 50
- □ 単位円 　　　　　　　　　 109

□ タンジェント(tan)	97
□ 値域	62
□ 中心角	173
□ 中線	174
□ 頂点	68
□ 重複順列	145
□ 定義域	62
□ 同値	129, 131
□ 独立試行	165
□ 独立試行の確率	165
□ ド・モルガンの法則	124, 125, 129, 130
□ 鈍角	104

な

□ 内心	172
□ 内分点	170
□ 二項定理	156, 157
□ 2次方程式の解の公式	53, 91
□ 2次方程式の判別式	58

は

□ 場合の数	135
□ 反復試行	166
□ 判別式	58, 86, 96
□ 反例	128
□ 必要十分条件	131, 133
□ 必要条件	131, 132
□ 否定	129
□ $(180°-\theta)$の三角比の公式	107
□ 部分集合	123
□ 分母の有理化	33
□ 平行移動	66
□ 平方完成	69
□ 平方根	28
□ 放物線	63
□ 方べきの定理	179, 180
□ 補集合	123

ま

□ または	122
□ 道順	154, 155
□ 命題	127
□ 面積比	119

や

□ 約数の個数の公式	139
□ 約数の和の公式	140
□ 要素	121
□ 要素の個数	126
□ 余弦	97
□ 余弦定理	113

- ☐ 余弦定理の変形　　114
- ☐ 余事象（よじしょう）　　164
- ☐ 45°の三角比　　98

ら

- ☐ 立体図形の体積比　　120
- ☐ 両端　　78, 80
- ☐ 60°の三角比　　99

わ

- ☐ y 切片（せっぺん）　　61
- ☐ 和事象（わじしょう）　　162
- ☐ 和集合　　122
- ☐ 和の法則　　136

【著者紹介】
石井貴士（いしい たかし）

1973年生まれ。私立海城高校卒。
高校2年のときに、
「1秒で目で見て、繰り返し復習すること」
こそ、勉強の必勝法だと悟る。

そして、「1単語1秒」で記憶するためのノートを自作して、
実践した結果、たったの3カ月で、英語の偏差値を30台から70台へ、
世界史・数学も70台へ上昇させることに成功。

その結果、
「代々木ゼミナール模試では、全国1位（6万人中1位）」
「Z会慶應大学模試では、全国1位」
を獲得し、慶應義塾大学経済学部に合格。

また、大学入学後には、ほとんど人と話したことがないという状態
から、テレビ局のアナウンサー試験に合格。
アナウンサー在職中に、突然、「無職からスタートしてビッグに
なったら、多くの人を勇気づけられるはず！」と思い立ち、本当に
退職して局アナ→無職に。

その後、世界一周旅行に出発し、27カ国を旅する。
帰国後、日本メンタルヘルス協会で「心理カウンセラー資格」を取得。
2003年にココロ・シンデレラを起業。

現在、1冊を1分で読めるようになる「1分間勉強法」を伝授する
一方で、作家活動も展開。累計100万部を突破するベストセラー
作家になっている。

主な著書に、ベストセラーになった『本当に頭がよくなる　1分間
勉強法』『1分間英単語1600』『1分間英熟語1400』『1分間東大英単
語1200』『1分間早稲田英単語1200』『1分間慶應英単語1200』『［図解］
本当に頭がよくなる1分間勉強法』（以上、中経出版）、『1分間日本
史1200』『1分間世界史1200』『1分間古文単語240』（以上、水王舎）、
『勉強のススメ』（サンマーク出版）がある。

●著者ホームページ　http://www.1study.jp

1分間数学Ⅰ・A 180
2011年8月4日 第1刷発行

著　者　　石井貴士
装　幀　　重原　隆
本文デザイン　図版
　　　　　　川原田良一
編集担当　白岩俊明
発行者　　出口　汪
発行所　　株式会社　水王舎
　　　　　〒160-0023　東京都新宿区西新宿 6-15-1
　　　　　ＴＥＬ　03-5909-8920
　　　　　ＦＡＸ　03-5909-8921
　　　　　ホームページ　http://www.suiohsha.jp/
印刷所　　日之出印刷株式会社
製本所　　有限会社　穴口製本所
乱丁本・落丁本はお取り替えいたします。

©Takashi Ishii 2011 Printed in Japan
ISBN 978-4-921211-68-4　C7341